La Mer

La Forêt

La Montagne

La MER
La FORÊT
La MONTAGNE

IMPRIMERIE A. GAUTHERIN
131, rue de Vaugirard
PARIS

La MER
La FORÊT
La MONTAGNE

Compositions de

Louise Abbema

PARIS
LIBRAIRIE CH. DELAGRAVE
15, Rue Soufflot, 15

A TOUS

LES GRANDS ET LES PETITS

QUE J'AIME

J'OFFRE CECI

C'EST TOUT MON CŒUR

CAROLINE LIAIS

LA
MER

Chapitre Premier

Quand j'avais votre âge, il y a bien longtemps de cela,
mes chers petits-enfants, j'adorais les histoires, les
contes de fées, les légendes, ma cervelle était peuplée
de personnages mystérieux et
magnifiques ; les arbres et les
plantes s'animaient dans ma pensée.
Les étoiles me racontaient leurs
voyages dans l'espace céleste. Même

bien loin de la mer j'entendais
le chant de ses vagues ; et mes
heures les plus délicieuses étaient
celles où, tous les devoirs finis, je rentrais dans le
monde enchanté créé par mon imagination, avec une
bonne foi et une ardeur que rien ne lassait.

Dans mon cher répertoire il y avait une histoire
préférée entre toutes ; ma mère la recommençait toujours pour moi
avec de nouveaux détails qui m'enchantaient ; — cette histoire m'a
suivie dans l'existence, elle a fait vivre en moi l'amour et le respect de toute chose créée, elle m'a bercée comme un chant de
nourrice ; c'est avec mon cœur que je l'ai gardée, et c'est avec toute
la tendresse de mon cœur que je vais essayer de vous la redire.

Mon histoire est vraie, mes fées sont vivantes, mon palais
existe ; il est grand, il est beau, vous l'habitez, et Dieu lui-même
en est l'architecte.

Il s'appelle l'Univers. Aucun être humain ne l'a jamais exploré
en entier, et c'est d'un petit coin seulement que je veux esquisser
pour vous le merveilleux tableau. Ce petit coin porte un grand
nom cher à nos cœurs ! Depuis dix-huit siècles dont l'histoire se
souvient à peu près, des milliers de braves gens, dont beaucoup
étaient des héros, ont versé leur sang pour sa gloire. C'est notre
patrie, notre douce France : le bijou de famille qui passe de génération en génération comme un legs précieux. On change parfois la
monture pour donner plus d'éclat aux pierreries, mais c'est toujours la richesse, le trésor autour duquel se groupent la tendresse

et l'orgueil
filials. Ce nom
sacré de France est encore
écrit en lettres d'or au front de l'Europe.

— Agenouillez-vous sur le seuil, mes enfants. La France
malgré ses erreurs, mérite notre admiration, notre vénération. Quel bon, quel beau pays! Venez avec moi; nous allons
faire ensemble un voyage qui ne vous fatiguera pas, et dont nous
reviendrons tous ravis et reconnaissants envers la main divine qui
a prodigué sous nos pas ses dons merveilleux. — Puisque nous
sommes dans le palais, nous allons regarder par les baies·grandes
ouvertes sur l'infini, ensuite nous visiterons l'intérieur.

Au nord, à l'ouest et au midi il y a une grande fée toujours
agitée. Quand elle est de bonne humeur, les plis de sa robe chan-
geante viennent caresser les murs de notre palais; quand elle est
en colère, rien ne lui résiste, il serait dangereux de se fier à elle;
beaucoup qui l'ont aimée et ont voulu la connaître ne sont jamais
revenus de ses perfides étreintes. Elle renferme dans son sein des
trésors dont elle ne se laisse pas dépouiller sans lutte. C'est elle
qui possède les perles magnifiques dont les reines sont fières de se
parer. La nacre qui étincelle sur les éventails, les coraux rouges et
roses qui font vos jolis colliers, c'est chez elle aussi qu'on les trouve.

La Mer --- ainsi s'appelle notre fée — n'est
pas toujours méchante ; elle nourrit les populations
qui habitent près d'elle, leur apporte dans les
franges de sa robe bleue les varechs qui sont une
source d'industrie et de richesse pour les terres voisines. C'est
par elle que nous pouvons communiquer avec nos frères des pays
lointains.

La Mer berce la France et l'enveloppe de ses complaintes : —
au midi, sur ses rives d'or, elle lui chante des contes bleus, au
nord et à l'ouest elle est sérieuse ou mélancolique. — C'est une
porte ouverte aux rêves, à la fantaisie. Elle verse dans nos ports
l'enivrement, les richesses du Nouveau Monde ; elle emporte
vers celui-ci la sagesse et l'expérience du Vieux Monde.

Beaucoup de vous sans doute ont gardé de la Mer un
souvenir ému ; c'est sur son rivage qu'on bâtit avec une
ardeur joyeuse des forteresses de sable mouillé ; c'est dans
les tièdes petites mares qu'elle laisse sur la grève
que clapotent les pieds roses des bébés.

Quelle joie de courir nu-jambes dans ces
flaques d'eau, d'y danser même en s'éclaboussant
jusqu'aux cheveux !

Vous souvenez-vous des jolies crevettes, des
jeunes crabes maladroits que la Mer oublie, peut-
être à dessein, dans les rochers et qui sont la terreur et la joie des tout petits pêcheurs.

Quels éclats de rire quand un
baby, trop pressé de fouiller le

varech, se sent saisi, pincé, et retire en criant sa main où reste
suspendu le crustacé féroce ; ce qui n'empêche pas de recommencer
la chasse avec une nouvelle ardeur.

Les joues roses, les cheveux ébouriffés ; les plus petits se
hâtant derrière les plus grands, ne peuvent, de leurs courtes
jambes, trotter assez vite, et des chutes désastreuses laissent le

fond des culottes marqué d'une grande
lune de sable. Qu'importe la peine pour
un si beau travail !

On a creusé un bassin où chacun
apporte son butin ; l'eau est trouble,
on ne voit rien, mais on est sûr que
tous les
trésors
sont là,
et, quand
la pêche
est finie,
vite, à
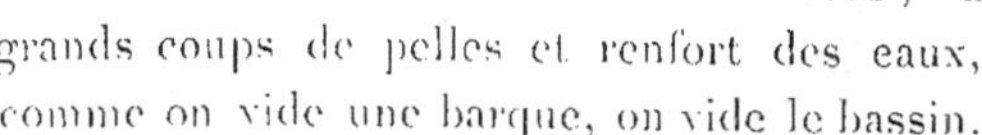
grands coups de pelles et renfort des eaux,
comme on vide une barque, on vide le bassin.

Oh ! stupéfaction, qui
replonge les jeunes cer-
velles dans les légendes
de fées auxquelles on ne
croyait plus guère ! — Les
fines crevettes grises, les crabes verts ont disparu, il ne reste
que quelques plates limandes collées sur le sable.

Fouillez, petits, les crabes sont enfouis !

Et, pendant ce temps, la belle journée d'été s'accourcit, le soleil enflammé descend se rafraîchir dans l'onde bleue, qu'il empourpre de ses rayons.

Sur la plage, le clapotis des molles vagues frangées d'écume raconte que Sa Majesté prend son bain et prie la Terre de l'excuser jusqu'à demain.

Chapitre II

Mais demain, souvent, ne ressemble pas à aujourd'hui, et, malgré son étincelante promesse, le soleil ne paraît pas.

C'est un terrible ennemi de la Mer qui s'est levé ce matin. Sur la plage on a hissé le cône noir, les drapeaux de détresse flottent affolés. Éole, fils des Dieux, est sorti de ses cavernes; il souffle un vent de bataille, bouscule les vagues bleues et, sur cette nappe si belle et si tranquille, allume une effroyable guerre. La Mer alors se déchire elle-même, creuse dans son sein de terribles abîmes de douleur et de mort, les vagues se rencontrent, se brisent les unes contre les autres comme des bêtes infernales en proie à une folie gigantesque, et, dressant jusqu'au ciel leurs crinières échevelées, remplissent l'air des clameurs de leur lutte.

Je me souviens d'une affreuse tempête en janvier 1865. La mer et le ciel se confondaient, les lames donnaient des assauts furieux

aux maisons des quais, on aurait dit qu'elles voulaient les empor-
ter, elles les fouettaient de leur rage féroce — il ne pleuvait pas —
et toute la ville était noyée sous des torrents de larmes amères.

Ainsi parle Michelet d'une tempête, qui fit chez lui exactement
les mêmes ravages que chez moi.

« La Mer disait : Ouvre-moi ou je défonce tes fenêtres, j'arrache tes volets, je brise tes portes! C'étaient des plaintes aiguës,
des désolations de ne pas entrer, des menaces si l'on n'ouvrait pas,
enfin, des emportements, d'effrayantes tentatives d'enlever le toit,
et de lamentables hurlements de rage impuissante. Puis, d'un seul
coup, une énorme masse d'eau se précipite sur la maison, enlève
le vitrage, et roule en cascade dans les escaliers.

— Oh, Mamé, est-ce vrai qu'elle est si méchante que cela, la
Mer? disent les petits pêcheurs, qui cachent dans ma robe leurs
jolies têtes épeurées.

— Que vont devenir les petits poissons et les coquillages fragiles? perdus, brisés, tués?

— Ne craignez rien pour vos coquilles, chers enfants : c'est
plus haut qu'est le danger, c'est pour les grandes barques parties
hier soir emportant les pêcheurs qui ont laissé sur la côte leurs en-

fants et leurs femmes. Quelles terreurs, quelles angoisses pour tous! Et quand, après avoir lutté dans la tempête, la barque rentre au port endommagée, voiles déchirées, mâts brisés, quelle joie s'il ne manque personne à bord! Mais quand la barque ne revient pas, songez, petits, aux pauvres qui pleurent; ouvrez vos mains si douces : l'aumône versée par elles est plus douce encore.

Les convulsions de la Nature, comme celles de l'humanité, sont un triste spectacle pour les yeux et pour le cœur; heureusement, le calme, l'harmonie sont les conditions les plus habituelles de tout ce qui existe, sans quoi la vie serait impossible, déracinée jusque dans ses fondements. Les colères, même de la Mer, ne sont qu'extérieures, elle reste intérieurement paisible, et les êtres qui vivent dans ses profondes vallées ignorent toutes les agitations de sa surface.

C'est seulement en 1861, en rele-

vant le câble rompu entre la Sardaigne et l'Algérie, qu'on reconnut l'existence de plantes et d'animaux vivant au fond des eaux dans la plus complète obscurité : car la lumière du soleil ne pénètre guère à plus de 350 mètres. Nous savons aujourd'hui que la vie est universelle, et partout d'une prodigalité merveilleuse.

Le fond de la Mer est semblable à la surface de la terre : il y a des chaines de montagnes dont les sommets forment les îles, il y a des vallées, de grandes plaines et, toujours dans l'obscurité profonde, des prairies couvertes de fleurs admirables de forme et de couleur.

C'est sans vanité que la Nature enfante des merveilles, et pour le seul plaisir de faire beau ; car la plupart des êtres qui vivent à quatre et cinq mille mètres au fond de la mer, sont privés de la joie d'admirer. La vue n'étant pas pour eux une condition essentielle de vie, l'ouïe et le toucher seuls sont leur partage.

Si la diminution de la lumière n'était pas graduelle, on pourrait dire qu'il y a dans la Mer une région claire et une région obscure, et, chose curieuse, la flore marine change de couleur à mesure que la lumière décroit dans la profondeur de l'eau.

Un seul savant, Louis Agassiz, avait, peut-être par une intuition tendre des poésies naturelles, soupçonné la vie au fond des eaux. De tout temps, les poètes ont parlé de belles déesses captives dans les profondeurs de la Mer. Ils ne se trompaient pas.

Les belles découvertes de Milne Edwards et d'Edmond Perrier nous en ont donné la certitude. Nous pouvons maintenant admirer les éponges, tissues de fils d'argent, les anémones aux couleurs éblouissantes ; toute l'admirable famille des coraux, des polypes, des méduses entre autres dont les corps de gélatine transparente flottent à la surface des eaux comme de fines coupes de cristal renversées ; les actinies enfin dont la chair même est faite des nuances de l'arc-en-ciel.

Semblables en ceci à beaucoup d'humains, il y a parmi les
habitants des mers, des mendiants, des paresseux, qui vivent de
maraude dans la peau de ceux qu'ils dépouillent. Ils ont peut-être
une excuse, c'est que la Nature ne les a pas pourvus de tous les
outils nécessaires à bâtir leur demeure.

Les Dionies empruntent des formes et des aspects différents
à tout ce qu'elles rencontrent, s'en font une cachette ou un habit.
Une espèce de crabe, qu'on appelle le crabe-honteux, a les mêmes
coutumes. Tous se nourrissent de chair de poisson; on accuse
même le crabe enragé de manger ses semblables.

D'autres poissons, au contraire, sont industrieux, construisent
leurs maisons avec un art infini; les annélides par exemple, choi-
sissent des grains de sable de même forme, de même grandeur,
mais de couleurs différentes et disposés en figures bizarres; d'autres
se font des demeures en spirale dont elles ferment l'entrée pour
savourer lentement les légères proies qu'elles peuvent conquérir[1].
J'ai vu dans les eaux douces, à l'abri des berges, de pauvres petits
corps mous et nus recueillir de minuscules brins de paille pour s'en
faire un fourreau qui adhérait parfaitement à leur chair visqueuse.

Les poissons qui, comme tous les êtres vivant sur la surface
du globe sont soumis à la souffrance et à la mort, ont pourtant sur
tous un grand avantage; seuls, dans leur condition de vie ordi-
naire, ils ne connaissent pas la faim; si Dieu avait accordé à
l'homme ce bienheureux privilège, que de questions sociales
seraient du même coup résolues!

Mais il me semble que grand'mère devient bien sérieuse, mes
chéris; pardonnez-moi, et écoutez vite une petite histoire déli-
cieusement contée par un de nos maîtres de la plume — Prosper
Mérimée — qui, plus souvent qu'on ne l'a cru, mettait un peu
d'émotion dans son encre.

[1] Tous ces détails sont empruntés aux *Explorations sous-marines* d'Edmond Perrier.

« Savez-vous ce que c'est qu'un Bernard l'Ermite ? c'est une langouste très petite, de trois centimètres au plus, dont la queue est dépourvue d'écailles. Elle serait fort exposée à être mangée, si elle n'avait l'instinct de mettre cette queue nue dans une coquille. Il y a des naturalistes qui prétendent que Bernard mange le coquillage avant de prendre sa maison. C'est peut-être un cancan.

« Je ramassai l'autre jour un gros Bernard logé dans une coquille d'où l'on ne voyait sortir que le bout de ses antennes et ses deux petites pinces. Avec toutes les précautions possibles, je cassai la coquille et je mis la bête dans un plat d'eau de mer. Elle y faisait piteuse figure, la queue reployée, et les pinces en avant, déterminée pourtant à se défendre jusqu'au bout. Je plaçai à quelque distance une coquille vide. Aussitôt Bernard s'en approcha, en fit le tour, étendit ses deux bras pour mesurer l'ouverture, puis leva en l'air un seul bras, évidemment pour apprécier la hauteur de la maison.

« Il parut méditer pendant une minute ; son calcul de tête terminé, il plongea un bras dans la coquille pour s'assurer qu'elle était vide, puis, faisant une cabriole, il se lança la tête en bas, la queue en l'air, de façon à retomber dans la coquille où il s'engaina comme un sabre dans un fourreau. Un moment après il se promenait fièrement dans le plat, traînant sa nouvelle coquille avec l'aplomb et l'assurance d'un homme qui a un habit neuf. J'ai tellement admiré ce petit mathématicien que je l'ai reporté le lendemain à son rocher. »

La mer a toujours enfanté des monstres, qui prenaient naissance dans des solitudes inconnues, remontaient le cours des fleuves en dévorant tout sur leur passage. Il ne fallait rien moins que des saints pour exterminer ces bêtes féroces. C'est ainsi que saint Georges combattit et vainquit un dragon monstrueux au moment où il allait enlever la fille d'un roi. Saint Romain tua la gargouille qui désolait la ville de Rouen ; cette méchante bête s'était — dit-on — réfugiée dans une tour et, de son repaire, crachait par sa grande gueule tant d'eau dans les rues que les pauvres habitants s'en allaient noyés, de la Seine à la mer, servir de pâture aux poissons.

Voici encore la vieille Tarasque, l'horrible ogresse des bords du Rhône, connue dès les premiers siècles et immortalisée par Alphonse Daudet ; elle avait élu domicile dans une profonde caverne dont les plus braves n'osaient approcher ; sainte Marthe, seule, au péril de sa vie, alla vers elle, et la Tarasque domptée, vaincue, se laissa enchaîner et tuer aux pieds de la sainte.

— Grand'mère, grand'mère, es-tu bien sûre que toutes ces vilaines bêtes-là n'ont pas fait des petits ? demande Pierrot consterné.

— Si, mon chéri, ces vilaines bêtes-là ont eu des enfants qui se sont civilisés peu à peu, et sont devenus toutes les charmantes légendes que vous ne vous lassez pas de me faire raconter.

Nous ne pouvons quitter les monstres sans saluer au passage le grand colosse accroupi dans la baie qui s'étale si gracieuse devant Avranches, et que Normandie et Bretagne enchâssent dans un cercle de verdure, de riants paysages, de dunes dorées, hélas! perfides parfois.

Bien nommée, Merveille de nature et d'art! Depuis mille ans les historiens parlent de tes splendeurs, les poètes chantent tes beautés. Dur roc, fière sentinelle, imprenable forteresse, gloire de la France si riche en gloires !

O grand mont Saint-Michel! la première fois que je te vis, tu sortais tout noir, hérissé, de la mer grise et lourde ; tu me fis l'effet

d'une eau-forte griffonnée par le démon sur une page de feu ;
c'était un soir d'orage, les éclairs allumaient le ciel sans disconti-
nuer, les flammes couvaient derrière toi, immuable et impassible
roc ; toutes tes pointes, tous les jours de tes dentelles, toutes tes
fleurs de pierre muettes disaient pourtant : Passez, tempêtes ; gron-
dez, orages, moi je demeure, ma vie et ma beauté bravent les
siècles ! Toutefois il y a bien un peu de diablerie dans ton histoire,
grand lion assoupi, puisque l'archange saint Michel fut obligé
d'intervenir.

Chapitre III

Ne devrais-je pas vous parler un peu des « hommes de la mer »,
comme on les appelait autrefois, pirates ou voyageurs, hardi
lutteurs exposant leur vie quelquefois pour une chimère ? Mais
quelle tentation : La Mer !... Rien qui barre le chemin entre la
pensée et le ciel ! Quoi plus loin ? toujours plus loin ? C'est ce que
voulurent savoir tant d'explorateurs intrépides. Le premier, le plus
fameux de tous les voyageurs connus fut Marco Polo, qui, vers le
milieu du xiiie siècle, partit de Venise, passa dix-sept années chez
les Mongols, visita la Chine, l'Indo-Chine, le Japon, pays jusqu'alors
inconnus. Le récit de ses aventures passait pour invraisemblable.

Deux cents ans plus tard, le grand Christophe Colomb, le
visionnaire qui rêvait l'Amérique, était Italien aussi, Génois de
naissance. Comme tous les héros, il fut martyr, et la gloire de
donner son nom à la terre qu'il avait découverte lui fut même
refusée ; accablé de chagrins, il mourut loin de sa patrie. Mais
Gênes maintenant s'enorgueillit de lui avoir donné le jour.

Michelet prétend qu'on doit un peu aux baleines la découverte de l'Amérique : « La baleine, dit-il, a été de tout temps le but de la grande pêche ; le duel avec la baleine était la passion du pêcheur, il la poursuivait jusqu'aux terres inconnues ; or, la baleine a horreur des eaux chaudes, jamais on ne la trouvait dans les mers du Midi : c'est ce qui fit remarquer le courant et amena cette découverte essentielle de la vraie voie d'Amérique. »

La soif de l'or, la misère du vieux monde déterminèrent aussi au moyen âge et au seuil des temps modernes ces expéditions basées souvent sur des utopies, condamnées même comme des hérésies, et dont les résultats heureux furent plutôt l'effet de la Providence que de la science.

Dès le v⁰ siècle, les sauvages normands, ces pirates, ces rôdeurs erraient sur les mers à la recherche de terres nouvelles. Depuis la Seine jusqu'au Rhône, toute embouchure de fleuve leur était propice pour pénétrer au cœur du pays, s'y livrer au pillage et même y prendre racine quand le site leur plaisait ; si bien que, pour garder sa grosse part de gâteau, Charles III, dit le Simple, abandonna en 911 une tranche de la Neustrie à un de ces rois de la mer : Rollon, qui fut le premier duc de Normandie. Depuis ce temps, les Normands firent bonne garde et défendirent leur duché contre les invasions des autres barbares.

Beaucoup de vous, petits Parisiens, avez du sang normand dans les veines ; n'en faites pas fi. Ces muscles robustes, ce sang vigoureux mêlé au sang des Aryens dont vous êtes si fiers, a été un élément précieux de vie, de renouveau et comme un aliment puissant pour la chair de votre chair. D'ailleurs la Normandie est liée au cœur de la France par le même courant : « La noble Seine, venue de Bourgogne, rivière royale, grande et fière chercheuse d'idéal et de poésie, exubérante et capricieuse ; la rivière des fleurs de lis qui baigne les tours du Louvre et vit entre ses rives fleuries

couler l'histoire de France. » — C'est Robida qui
parle ainsi dans son admirable livre « La Normandie », dont chaque page mériterait d'être encadrée
comme un paysage à la plume.

— Et les bateaux, grand'mère, tu ne nous en
as rien dit?

— C'est vrai, mes chéris, ce serait commettre une injustice, d'abord envers les
frêles et charmants esquifs auxquels nous devons tant
de bonnes heures passées à rêver sur le doux berce-
ment de l'eau, ensuite envers les grosses masses de toute sorte
et de tous temps qui ont lutté et paradé pour nous sur toutes les
mers du monde.

En commençant par le premier connu de ces bazars flottants,
nous trouvons l'Arche de Noé, d'où sortirent, après le déluge, les
hommes et les animaux qui repeuplèrent le monde. C'était un
grand vaisseau, paraît-il, de 150 mètres de long sur 25 mètres de
large et 15 mètres de haut[1], presque une maison parisienne de
cinq étages qui pourrait contenir en moyenne dix habitants par
étage, sans compter les chats, les chiens, les perroquets, les singes
et autres bêtes minuscules qui échappent à l'œil vigilant du pro-
priétaire et surtout du concierge.

L'Arche de Noé s'est arrêtée sur le mont Ararat, situation qui
paraîtrait bien embarrassante à un navire de nos jours, mais
l'Arche était une espèce de coffre prêt à servir de maison le jour

où la colombe rapporterait
le rameau d'olivier.

Depuis, la navigation a fait
quelques progrès, les vaisseaux aussi;
presque tous les primitifs étaient à

[1] *La Navigation*, Vicomte G. d'Avenel.

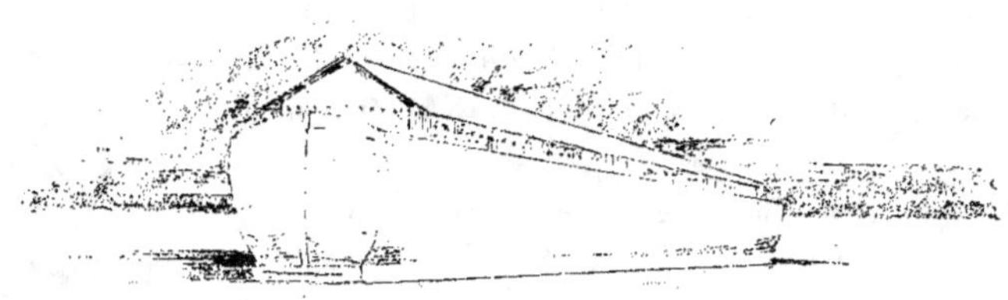

rames et
portaient le nom de
birèmes, trirèmes, quadrirèmes,
suivant qu'elles avaient deux, trois ou quatre rangs de rames.
Plus tard on ajouta des voiles, les navires furent mieux cons-
truits, plus légers, plus élégants ; les jonques de la Chine, les
pirogues de l'Océanie, les galères, les brigantins, les frégates
françaises, les beaux clippers américains, les bricks et les charmants yachts ont tous des mâts qui portent des noms différents :
mât d'artimon, grand mât, mât de misaine, mât de beaupré qui
s'allonge sur l'eau à l'avant du navire. Tous ces mâts
en portent d'autres qu'on appelle hune, perroquet,
cacatois, et, en effet, quand tous ces mâts ont leurs
voiles dépliées, — qui, elles aussi, ont de jolis noms :
foc, trinquette, brigantine, per-
ruche, volant, — quand ils sont
couverts de drapeaux et de bande-
roles, ils ressemblent
bien à de grands oiseaux
de mer et donnent l'envie
de partir avec eux, vers
l'inconnu, vers l'infini.

Maintenant, sauf quelques navires de marine marchande, tous

nos gros vaisseaux ont coupé leurs ailes, ou ne les ouvrent plus ;
à quoi serviraient-elles ? ils ont dans le corps des dragons formidables qui vomissent le feu et font manœuvrer comme des toupies
ces pesantes masses coûteuses, informes et ternes qui ne portent
que des engins de mort ; tandis qu'autrefois c'était bien plus des
cargaisons d'idées qui flottaient sur les eaux au gré du vent. Ce
furent les ancêtres, aux ailes palpitantes, de ces gros maladroits
qui, voguant sur les flots bleus de la Méditerranée, apportèrent
sur le sol de France la civilisation et la religion, source inépui-
sable d'espérance et de charité.

Il nous faut bien donner aussi, en passant,
un signe d'amitié au phare vigilant qui,
à travers la nuit et la tempête,
guide le marin au port désiré. Les
phares remontent à la plus
haute antiquité, ils doivent
leur nom au premier qui
fut élevé dans l'île de
Pharos. Autrefois c'é-
taient de simples

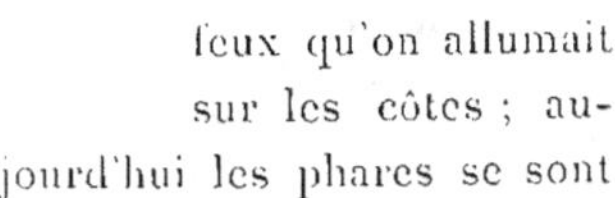

feux qu'on allumait
sur les côtes ; au-
jourd'hui les phares se sont

multipliés et rendent de grands services à la navigation ; il y en a de trois ordres qui servent à indiquer les ports, l'entrée des fleuves, les écueils en mer. Les phares électriques portent leur lumière à une grande distance, ils sont à feux fixes, tournants ou à éclipses.

Dans les chaudes nuits d'été, c'est curieux et impressionnant de voir, à intervalles réguliers, le grand désert liquide scintiller sous les rayons lumineux, ou dérouler dans le silence ses belles vagues phosphorescentes. Pour qui a contemplé ce spectacle, c'est une impression ineffaçable. La nuit embaumée de saveurs amères jette sur la nature son recueillement et sa grâce.

O ciel de la nuit, plus beau même que le ciel du jour ! A l'horizon quelques étoiles clairsemées : sentinelles au bord de l'inconnu, gardiennes de scintillants mystères ! A mesure que le regard monte, c'est une cohue d'escarboucles vivantes et palpitantes qui vous emplissent les yeux d'ondes lumineuses ; une foule d'étoiles qu'on ne soupçonnait pas viennent du fond de l'éther sur un chemin de feu, elles secouent des étincelles, puis se cachent pour ressortir bientôt de leur lointaine retraite ; elles disent chacune : « Moi aussi, je suis belle et je veux éblouir ! » L'œil fatigué de tant d'éclat se ferme et l'âme inquiète fuit la pensée. Éternelles et muettes splendeurs, que faites-vous là-haut ? Qui vous a créées et de quel trône céleste êtes-vous la gloire ? Quelle main divine alimente le feu de votre regard ? Quelle impulsion passionnée vous rend si palpitantes et pour qui donc chacune de vous est-elle si pressée de luire ? L'homme vieillit et passe, vous restez éternellement jeunes et belles, offertes à l'admiration des siècles, fermées à leur investigation, vierges de leurs souillures !

Chapitre IV

Terre bretonne, hérissée de pierres préhistoriques, semée de
fleurs gothiques et de légendes qui se perdent dans la nuit des
temps ; terre fidèle et terre aimante, souriante ou grave dans ta
ceinture mobile, salut à toi !

La Méditerranée est une mer jalouse, qui ne quitte pas le rivage
et roule sans cesse son morne refrain sur les mêmes cailloux noirs
ou jaunes, disant : Moi aussi je fais le ménage, je balaie le seuil de
ta maison, nul varech ne traîne devant ta porte, j'y veille, je lave,
et relave ce que la ménagère salit.

La mer bretonne, au contraire, s'en va bien loin faire son œuvre
quotidienne, reste longtemps absente, et comme un enfant gâté

qui jette tout autour de lui, abandonne sur la plage lichens et coquilles, laissant aux riverains le soin de nettoyer la place pour l'heure de son retour. Alors elle revient lentement, comme un bon travailleur fatigué, elle se traine, un peu paresseuse, sur le sable doré, heureuse de se sentir attendue avec impatience, saluée avec bonheur; et elle chante toujours, — comme le chemineau de Richepin, — insouciante, malicieuse, quelquefois traitresse, mais bonne au fond, et capable de grandes choses.

« O Breiz-izel ! O Raéra bro !

« Coat eun he c'hreiz, mor enn he zro!

« O Bretagne, ô très beau pays, bois au milieu, mer à l'entour! »

Aussi on l'aime cette mer bretonne et cette terre fidèle. Que de mystères dorment dans son sein; que de lutins, de korigans, de poulpiquets qui ne demandent qu'un doux regard, une oreille attentive, un petit cœur ému, pour sortir de leurs bruyères, danser sur la lande, et s'enlever dans les airs en rondes folles.

Et ces vieux solitaires dont le sommeil plonge dans la nuit des temps, couchés sur leur gloire inconnue, ou debout, encore prêts pour la lutte et attentifs peut-être à l'appel formidable des géants qu'ils servaient.

« Le dolmen monstrueux songe sur les collines. »

Les menhirs, les pierres-fiches, les cromlecks peuplent les landes. Carnac surtout est plein de ces muets fantômes de pierre, immobiles à tous les yeux, mais qui, le soir venu, s'en vont lentement rafraichir dans la mer leur front hâlé des vents, brûlé du soleil. Quand vous serez plus grands, mes chéris, nous irons, quelque nuit, veiller ces vieilles pierres et surprendre leur secret. Carnac signifie ossuaire — charnier peut-être — c'est certainement un cimetière des temps préhistoriques, qui garde soigneusement le mystère de ses morts.

Vous connaissez la légende de la ville d'Is, si splendide, que

plus tard, pour faire honneur à la France, on nomma sa capitale
Paris — pareille à Is. — La ville d'Is, comme Sodome, hélas!
était une ville impie où régnait en souveraine une belle
et méchante magicienne qui s'appelait Dahut; elle avait
perverti tous ses sujets, et le ciel avait horreur des crimes
qu'ils commettaient. Is était bâtie au bord de la mer, et
défendue contre les flots par des digues dont Dahut
portait les clefs d'argent suspendues à son cou. La belle princesse fut un jour séduite par le démon transformé en prince charmant, et qui, pendant son sommeil, lui enleva les clefs d'argent, ouvrit les digues aux flots furieux qui engloutirent la ville et ses merveilles avec la mauvaise princesse. Seul, le roi Grallon, le père de Dahut, qui était un saint homme, fut miraculeusement sauvé. Penchez-vous sur la mer bleue par un temps calme, vous verrez les flèches des édifices, vous entendrez surtout les plaintes des trépassés morts en

péché. Priez pour eux, le ciel est si près de la mer : Dieu vous entendra !

Le long des côtes de Bretagne si pittoresques, si découpées, il y a des hameaux, d'une douzaine de maisons, nichés comme des oiseaux frileux dans une baie en miniature exposée au soleil, à l'abri du vent, au pied d'une basse colline couronnée d'un vieux moulin ; rien à craindre de la grande fée dans ces coins privilégiés. Aussi les maisons, les pêcheurs, les barques y ont un air paresseux et satisfait qui console de toutes les agitations du monde. Malheureusement le touriste enfiévré, en quête de repos qu'il ne trouve nulle part, vient souvent déranger le calme de ces lieux bénis ; il apporte avec lui la prétention de sa demeure, l'agitation de sa vie. Adieu la paix, les doux *farniente* sur la grève ignorée ! — Ève était belle, elle est devenue la proie du démon.

Le soir vient, jetons un dernier regard sur notre plage amie : car la voilà toute rose encore d'une caresse égarée du soleil qui perce les nuages pour nous dire au revoir, et pendant que nous rentrons, je vais vous raconter la légende du pêcheur d'étincelles, que racontent souvent à la veillée les grand'mères aux jeunes gars trop pressés de s'embarquer pour chercher fortune.

Il y avait une fois un pauvre pêcheur nommé Rorick ; il habitait avec sa famille une petite île située à quelques lieues des côtes. Il y avait dans l'île des lapins, dans la mer des poissons. Le pauvre homme passait son temps à chasser, à pêcher, et faisait ainsi vivre sa nombreuse famille ; mais il se désolait, se voyant si pauvre et se sentant déjà vieux. Pendant les lumineuses et chaudes nuits d'été, au lieu d'aller se reposer, il restait de longues heures assis sur un rocher, rêvant au moyen de faire fortune ; souvent sa rêverie était distraite par un murmure doux comme l'écho affaibli d'harmonieuses voix chantant bien loin ; lentement il levait la tête et voyait de légères lueurs qui couraient sur les flots, se répandaient en étincelles, en poudre d'or sur la mer mobile et sombre. Jamais le jour il n'avait eu d'aussi étranges visions; pourtant Rorick ne rêvait pas.

Chaque soir, pris d'une ardente curiosité mêlée d'une crainte superstitieuse, il revenait écouter le chant des fées et contempler la danse des esprits.

Il y avait des nuits où les étincelles étaient si folles, si brillantes que la petite île en était tout illuminée ; Rorick lui-même, assis sur son rocher, était comme enveloppé de feu ; les lutins lui léchaient les pieds, lui disaient : « Nous avons de l'or, nous avons des perles, nous te ferons riche, viens avec nous ! »

Plusieurs fois, détachant sa barque, Rorick était allé vers la haute mer ; ses rames soulevaient des milliers de petits êtres imperceptibles, éblouissants, qui s'égrenaient en pluie brillante, sans qu'il en pût jamais saisir un seul ; furieux, Rorick battait l'eau du plat de sa rame ; les lutins s'éparpillaient en rondes capricieuses, puis revenaient moqueurs caresser les flancs de la barque.

Dans son jeune temps, Rorick avait entendu dire par des gens venus de loin et qu'on n'avait jamais revus, qu'il y avait dans leur pays des fleuves qui roulaient de l'or, et qu'en remontant vers la source de ces fleuves on avait

découvert des mines d'or inépuisables. Plus de doute, la mer
apportait à Rorick les trésors de ces lointains pays !

— Si je pouvais, se disait le pauvre homme, remplir ma
barque de ces paillettes d'or, je serais riche.

Il y avait vers la pleine mer un tourbillon qu'on appelait le
« Trou aux Poulpes ». C'était un endroit dangereux, où l'eau
s'engouffrait en tournant comme dans un entonnoir ; aucun
pêcheur n'en approchait jamais. Quelquefois, la nuit, le trou res-
semblait à une gueule de feu où les lutins s'enfuyaient, et Rorick
voyait avec terreur des flammes danser sur les flots, s'élever
même dans les airs. Il se persuada que le trésor était là et, comme
il était brave, il voulut risquer sa vie pour le conquérir.

Un soir, après avoir embrassé ses enfants, il partit en recom-
mandant à sa femme de ne pas se tourmenter de lui, car il serait
sans doute longtemps absent. Il mit dans sa barque un pain et
quelques poissons salés, puis se dirigea à grands coups de rames
vers le « Trou aux Poulpes » ; les lutins dansaient autour de lui
et, semblant deviner sa pensée, l'escortaient vers le but de
son voyage.

Le ciel était couleur de plomb, déchiré de rapides éclairs ;
Rorick se hâtait, les lutins étaient fous, sautaient sur ses rames,
entraient dans sa barque, y faisaient deux ou trois cabrioles et
disparaissaient sans laisser de traces.

A l'occident, on entendait un effroyable vacarme, pareil à celui
que feraient des montagnes s'entrechoquant dans une épouvan-
table bataille ; les vagues hurlantes roulaient la barque de Rorick
dans leurs rudes et redoutables étreintes. Plus l'espace diminuait
entre Rorick et le gouffre, plus il se sentait entraîné ; la peur
commençait à mouiller ses tempes, ses mains tremblaient, les
rames ne luttaient plus ; les lutins aussi se faisaient rares.

Tout à coup un vent furieux s'éleva, faisant bondir les vagues, le tonnerre fendit le ciel en feu, et Rorick poussant un grand cri disparut à jamais dans le « Trou aux Poulpes ».

Les lutins ont gardé leur secret. Du pêcheur d'étincelles nul ne sut jamais rien !

Sur le rivage, deux colossales statues informes et tristes l'attendent toujours ; on les appelle « les Demoiselles » : on dit que ce sont les filles de Rorick ; que, pendant les nuits de grandes tempêtes, leurs cœurs sanglotent dans leurs poitrines de pierre et qu'elles sont inondées de larmes amères.

LA FORÊT

Chapitre V

Voici bien longtemps que nous sommes à la fenêtre, mes chers enfants, rentrons pour visiter notre palais. Il y a une foule de choses curieuses à voir.

Rien ne manque à l'aménagement intérieur ; nous avons des greniers pleins de fourrage et de blé, des caves où l'on garde les meilleurs vins, des fruitiers garnis de fruits exquis. Il y a aussi, comme dans les maisons neuves à Paris, de grands réservoirs d'eau chaude et d'eau froide pour tous les besoins de la vie. Les combustibles sont emmagasinés avec prévoyance.

Enfin, nous avons des musées merveilleux où nos plus grands

peintres, nos plus touchants poètes ont puisé leurs sublimes inspirations.

Sans doute vous avez déjà vu beaucoup de ces belles choses, mais vous les avez regardées comme on regarde la couverture d'un beau livre dans lequel on ne sait pas lire. Eh bien, ce beau livre, mes enfants, c'est la Nature. Nous allons l'ouvrir et déchiffrer ensemble les merveilles que Dieu y a tracées du bout de son doigt tout-puissant.

En causant nous avons fait un bout de chemin, nous voici sous une haute voûte de verdure. A perte de vue de larges allées s'étendent, trouées de chaudes clartés; l'œil ébloui se ferme. Des milliers d'insectes, dont chacun est une merveille de délicatesse et de couleur, dansent des rondes éperdues dans les rayons mêlés de poussière d'or. Nos pieds s'enfoncent dans un moelleux tapis de mousses et de fleurs vivantes. Oui, mes enfants, vivantes !

Dieu n'a pas craint de mettre sous nos pieds des créatures qui naissent, souffrent et meurent. Il veut seulement que nous les connaissions, les admirions.

Il faut pour cela ouvrir votre jeune cœur et vos beaux yeux, c'est la meilleure prière, le plus bel hommage que vous puissiez rendre à Dieu pour tout ce qu'il vous a donné.

Je vais vous dire tout de suite comment se nomme l'endroit où je vous ai menés, c'est la *Forêt*. Ne craignez pas, il n'y a ni loups ni voleurs. Avancez un peu, vous allez sentir votre esprit délivré de toute inquiétude. Sans savoir pourquoi, vous allez avoir envie de sauter, de courir; votre poitrine bondira, un joyeux rire viendra, presque malgré vous, éclater sur vos lèvres. C'est le premier bienfait de ces beaux géants verts, qui puisent dans l'air, pour s'en nourrir, tout ce qui est nuisible à votre respiration [1], et dégagent, au contraire, ce qui est utile et sain pour vous [2]. Vous

[1] Carbone.   [2] Oxygène.

pouvez donc vivre avec eux en bonne intelligence, vous aventurer sous leurs grands rameaux à la découverte de merveilles inconnues de vous.

Sachez d'abord que la forêt fut la première habitation de l'homme. Adam et Ève, nos premiers parents, n'avaient point d'autre demeure. Le Paradis terrestre était une spendide forêt, où poussaient en liberté les plantes, les arbres les plus magnifiques, où mûrissaient les fruits les plus exquis. Depuis ce temps, la forêt a subi bien des transformations, elle a servi d'abri et de refuge à de nombreuses tribus qui vivaient dans ses tranquilles profondeurs.

En reconnaissance de tous ses bienfaits, les hommes d'autrefois avaient une grande vénération pour la forêt ; ils adoraient les arbres comme des divinités. Les forêts avaient leurs prêtres, leurs prêtresses, qu'on appelait : Druides et Druidesses. Celles-ci, le front ceint de couronnes, coupaient avec des faucilles d'or, le gui sacré des chênes ; ceux-là, vêtus de longues robes blanches, offraient des sacrifices.

« L'antique vénération a presque disparu. Pourtant il est, même de nos jours, des arbres respectés. Le bûcheron, on ne sait trop pourquoi, n'aime pas qu'on l'interroge à cet égard. Encore en maints endroits, on voit des chênes vénérés que des indigènes ont entourés de barrières contre les animaux et les voyageurs errants.

« Dans la vieille Bretagne, lorsqu'un homme était en danger de mort et qu'aucun prêtre ne se trouvait dans le voisinage, on pouvait se confesser au pied d'un arbre, les rameaux entendaient; et leur bruissement portait au ciel la dernière prière du mourant[1]. »

Je n'ai pas besoin de vous dire que les peuples qui s'étaient fait ainsi des Dieux à leur usage, ne connaissaient pas le vrai Dieu, et qu'ils ont brisé leurs idoles dès qu'ils l'ont connu ; mais il nous est resté de ce vieux temps des poésies douces, des histoires charmantes qui prouvent que l'homme porte en lui un immense besoin de respect, de reconnaissance envers les êtres et les choses qui lui semblent dignes d'admiration.

Un jour que nous nous reposerons de nos fatigues sous l'ombre d'un grand arbre, je vous raconterai la légende d'Odin, le Piqueur noir, celle de « La Grand'mère des bocages », celle du « Grand veneur de Fontaine-

[1] *Histoire d'une Montagne.*
Élisée Reclus.

bleau » et la légende non moins intéressante de « Robin-hood » (Robin des bois), dans laquelle un célèbre romancier anglais a trouvé le type d'un héros.

Avez-vous jamais jeté un coup d'œil attentif sur la Forêt, ce grand être mystérieux, si profond, si fort, tremblant pourtant au moindre souffle ? Avez-vous remarqué combien de fois par an la Forêt change de toilette ?

Allons lui rendre visite au printemps. Nous la trouvons toute parée de frais atours. Les petites feuilles, à peine nées, sont encore froissées de l'étreinte du bourgeon qui les a préservées des derniers froids. Les fleurettes timides, sortant de leurs capuchons leurs petites figures étonnées, bavardent dans la mousse. Impatientes, elles attendent qu'un tiède rayon de soleil vienne donner un dernier coup de pinceau à leur beauté ; alors, fières, heureuses, elles dressent leurs têtes délicates, appellent et retiennent au passage les papillons folâtres, les abeilles bourdonnantes.

Les fleurs sont utiles autant que belles, — toutes les petites filles devraient étudier avec passion la vie des fleurs, elles trouveraient dans ces humbles institutrices de grands exemples à suivre. — La fleur a, comme l'enfant, son développement difficile, ses heures de travail et de plaisir ; elle a, comme la femme, sa maternité, son âge mûr, sa vieillesse. Elle ne se soustrait à aucun de ses devoirs, elle les remplit tous vaillamment.

Maintenant penchez-vous bien bas, plus bas que la fleur, si

petite déjà, écartez de votre petite main les herbes légères, les mousses mignonnes et, parmi les violettes, le muguet, les anémones, les jacinthes qui embaument, admirez ce petit peuple, ou plutôt ce grand peuple d'êtres lilliputiens qui vont, viennent, s'entre-croisent, s'arrêtent pour se dire deux mots d'amitié, grimpent vivement aux plus menus brins d'herbe, croient qu'ils ont fait fausse route, s'empressent de descendre pour recommen-

cer une nouvelle ascension. C'est le peuple des insectes ! Tout est joli chez eux, depuis l'industrieuse araignée jusqu'au fin scarabée, dont les élytres ont tous les chatoiements des pierres précieuses.

Savez-vous que beaucoup de grands hommes ont passé leur vie à s'occuper de ces jolies bêtes-là — Buffon, Linné, de Jussieu, Saint-Hilaire, — et leur vie laborieuse a été bien remplie, on leur sait gré de nous avoir initiés à tous les charmants mystères de ce peuple nain qui fait des œuvres de géant.

Relevez la tête, cherchez bien haut, dans les arbres, sur leurs feuilles, sous leurs écorces, suçant avec avidité la vie partout, s'acharnant à des proies énormes, purifiant l'air de millions d'atomes vivants nuisibles à la santé de nos poumons : vous trouverez partout l'insecte travaillant pour nous.

Dans certaines forêts d'Amérique où l'homme peut à peine s'aventurer, c'est l'insecte qui fait sa besogne sans s'y prendre de même façon. Il ronge les arbres, dévore les animaux morts, et, dans les marécages, les racines pourries dont les exhalaisons causent des maladies.

L'insecte est un travailleur infatigable, mais ce ne sont pas les plus jolis toujours qui travaillent le mieux ; voyez le ver à soie qui est laid, répugnant même, et qui file avec activité ces jolis cocons que les enfants aiment tant à dévider. Ce vilain insecte est la richesse d'une partie de la France ; tous les ans son éclosion est surveillée avec une sollicitude inquiète et son élevage occupe des milliers d'ouvrières.

« Toutes les fois que vous serez tentés de tuer un insecte, — disait ma mère, — considérez-le pendant une ou deux minutes ; après ce temps, je suis sûre que vous aurez surpris quelque chose de si curieux dans sa petite personne que vous n'aurez plus envie de le détruire, mais plutôt de l'admirer, de l'étudier et de respecter cette œuvre délicate d'un Dieu tout-puissant. »

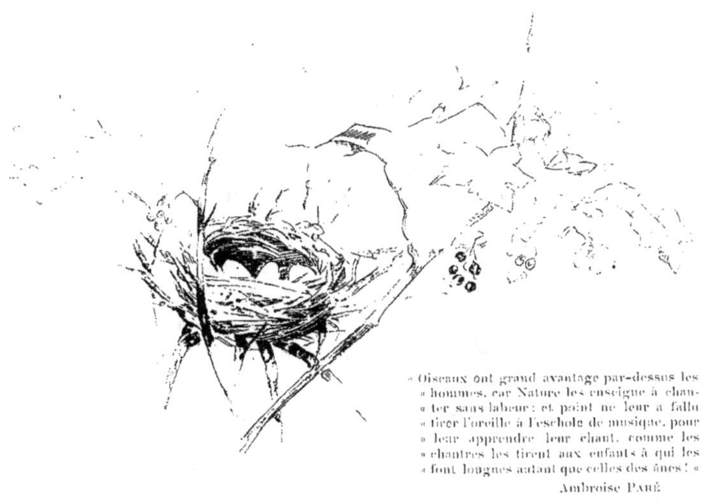

Chapitre VI

Pendant toute cette promenade printanière dans la Forêt, nous avons sur nos têtes un concert de notes éclatantes et légères, les oiseaux sont bavards ! Ils viennent tout joyeux se souhaiter un fraternel bonjour, aussi se raconter les misères de ce long et lugubre hiver, les alertes douloureuses causées par les chasseurs. Mais tout cela est oublié dès le premier vent tiède ! On a bien autre chose à faire : c'est le temps des fiançailles, la femelle ne chante guère, elle écoute, elle attend, fait sa toilette, lisse ses plumes, aiguise son petit bec et sautille de branche en branche en remuant sa fine tête de droite et de gauche, comme si elle faisait l'inspection des lieux les plus propices à y asseoir son nid. Le mâle fait cent tours, s'agite énormément, crie à tue-tête qu'il est prêt à accueillir, à protéger une gentille compagne ; bientôt l'accord est fait, on s'occupe de bâtir la maison, « le nid » !

Il le faut doux, chaud, bien assuré entre les branches, bien abrité du vent ; l'oiseau pense à tout ; que de peines, de fatigues avant d'amener à bien cette petite merveille de solidité et de légèreté !

J'habitais dans ma jeunesse une jolie vallée, où l'industrie coton-nière était très active ; les oiseaux savaient mettre à profit cette richesse. Tous les nids des environs étaient tapissés de fils fins et soyeux. J'ai vu, à plus de cinq cents mètres des fabriques, des nids rembourrés de coton. Quel tendre instinct guidait les oiseaux de si loin ?

Je me souviens aussi d'un jour où, tout enfant, j'avais vu avec désespoir détruire plusieurs nids d'hirondelles. J'avais recueilli, rassemblé dans une corbeille, sur le bord d'une fenêtre, tous les petits échappés à la mort. Plusieurs mères effarées avaient compris le désastre, poussaient des cris lamentables. Dès qu'elles virent leurs enfants en sûreté, elles se mirent courageusement à rebâtir la maison autour de la corbeille et, dans cet asile, élevèrent tous les petits, ceux de la voisine comme les leurs, avec les mêmes soins, la même tendresse.

Ce charmant peuple ailé, si industrieux, si ardent au travail, est toujours gai, toujours de bonne humeur ; il fait son ouvrage en chantant, ses trilles harmonieux sont des hymnes de gloire au Créateur. Quelle leçon pour nous, mes chers petits!

Ce n'est pas tout : voici l'œuf dans le nid, cher trésor d'avenir. La mère

oublie qu'elle a des ailes et, pendant des jours, reste au logis, entretenant une douce chaleur sur l'enfant qu'elle ne connaît pas. Elle est sûre qu'il sera beau, qu'il aura des ailes aussi, et rien ne rebute sa patiente tendresse.

Le père n'abandonne pas la mère, il sait qu'elle remplit une grave mission ; il lui tient compagnie, la distrait par son chant. Quand le petit oiseau paraît, sans plumes, laid, faible, le père et la mère font éclater leur joie, ne le laissent pas une minute, admirent le fin duvet qui commence à poindre sur son corps fragile, lui apportent la pâtée préparée avec autant de soin qu'une vraie maman prépare la bouillie de son enfant. Le père et la mère oiseau ont en ceci d'autant plus de mérite que personne ne leur donne de conseils, personne ne leur enseigne les devoirs si multiples, si difficiles des parents envers leurs enfants.

Sachant tout ce que je viens de vous dire, vous ne vous permettrez plus le cruel plaisir de dénicher les nids, ni de casser les œufs pour en faire des colliers.

Tous les oiseaux sont sortis des nids, les plus beaux papillons ont leurs ailes : voici l'été venu. Sur les fleurs et les feuilles, les nuances délicates du printemps ont disparu, le soleil a mis sur les champs, sur la forêt, les tons puissants de la maturité.

Mes petits-enfants coiffent leurs grands chapeaux, les mains se tendent vers moi, les petites bottes frétillent d'impatience. On se dispute à qui portera l'ombrelle et le pliant de grand'mère. Nous partons !

Le soleil est ardent, qu'importe ! Là-bas, sous l'épais dôme de verdure, nous trouverons l'ombre et la fraîcheur. La curiosité donne des jambes aux plus petits : ils ont vu la Forêt vingt fois, mais personne ne l'avait fait parler pour eux. Ils savent maintenant ses chansons du printemps et veulent apprendre ses mélodies de l'été. En ce moment, la Forêt fait la sieste, tout semble

dormir d'un lourd sommeil, on entend se détacher sur le chaud silence, la note monotone du grillon, les fleurs penchent la tête comme font les enfants assoupis.

Parlons bas, marchons doucement, la Forêt se recueille dans ses profondeurs mystérieuses. — Que fait-elle ?

Elle médite, et sa méditation est l'enfantement de l'avenir. Tout ce qui a vie dans le monde végétal sait que l'été est l'heure de la production. Tout ce qui ne se hâte pas périra. Il faut que l'enfant végétal, — c'est-à-dire la graine, le fruit, — soit grand et fort quand viendra l'automne, autrement, surpris par le froid, mal vêtu, sans résistance, il mourra.

Imaginez-vous ce que serait la Terre, si, sur toute sa surface, pendant une année seulement, les plantes n'avaient point de graines, les arbres point de fruits et qu'au printemps suivant, saturée de sucs productifs, elle n'eût rien à faire éclore. Supposez un instant que la Terre est une personne intelligente, qu'elle a une pensée, un souvenir; son désespoir ne sera-t-il pas comparable à celui d'une mère qui a eu beaucoup d'enfants, qui les a tous perdus et dont le cœur rempli d'amour maternel appelle en vain ses trésors envolés.

Ainsi tout travaille pour l'avenir. Le chêne, ce vieux rêveur si lent à croître, l'arbre sacré des druides, prépare royalement sa glandaie; une coupe pour chaque fruit !

Le pin, dans sa robe vert foncé, est tout occupé de la confection de ses pommes.

Le châtaignier construit sa capsule, véritable

forteresse hérissée de dards; l'habitant à sa sortie est revêtu d'un bel habit brun bien solide.

Plus bas, le coudrier, qui a perdu ses chatons de fourrure, se couvre de bouquets chers aux écureuils et aux écoliers.

Plus bas encore, toutes les plantes, toutes les mousses ont leurs graines, leurs fruits, leurs nichées de petits « poupons végétaux[1] ».

Miracles toujours! une vie ne suffirait pas à tout énumérer.

Mais quel éblouissement là-bas! Mettez la main sur vos yeux pour que l'éclat de cette nappe rose tout ensoleillée ne blesse pas votre vue. Maintenant, regardez; c'est comme un lac enchanté sous un ciel d'or. Les millions de délicats grelots des charmantes bruyères font tous les frais de ce riche tableau, qu'encadrent et dominent les panaches ciselés des grandes fougères jaunies déjà.

Respirons une bouffée de cet air sain et parfumé; que cela sent bon!

O mon Dieu, mignonnes, vous êtes en plein dans une fourmilière. Ne criez pas, n'ayez pas peur, ces fourmis ne sont pas dangereuses, secouez-vous vite et voyez le désastre. Une cité en ruines, un peuple inoffensif chez lequel vous venez de mettre la terreur et la désolation, des

<hr>

[1] Grimard. — *La Goutte de Sève.*

citoyens blessés, des enfants écrasés, perte irréparable! Que vont-elles faire, ces pauvres petites fourmis? Elles sont vaillantes, laborieuses, les voici à l'œuvre déjà; elles traînent les blessés, charrient les cadavres; elles ont le respect de leurs morts et ne veulent point les laisser sans sépulture.

C'était, hélas! le temps de l'éclosion. Les nourrices, les bonnes d'enfants arrivent tout effarées au secours de leurs poupons; quelques-unes ont le bonheur de les retrouver vivants, mais ceux-là sont les plus embarrassants. Ne comprenant pas le danger, ils trouvent l'aventure amusante, ne veulent pas rentrer dans leur « cité souterraine », se font traîner de force, se cramponnent aux brindilles que rencontrent leurs petites pattes. Enfin, comme beaucoup d'enfants indociles, ils fatiguent et désolent celles dont l'unique pensée est leur salut.

Voici notre promenade terminée par un triste incident, mais ne vous en affectez pas trop, si, en examinant notre fourmilière détruite, vous avez pu en tirer ce grand enseignement : Que toutes les sociétés dans tous les règnes de la nature sont régies par des lois qu'elles ne doivent point transgresser. Que tous les sujets d'une nation, tous les membres d'une famille ont entre eux des devoirs sacrés à remplir. Qu'il n'est point permis de s'y soustraire sans commettre un crime de lèse-humanité, dont sont même incapables les petites fourmis que nous venons de quitter.

Chapitre VII

Beau jour d'automne doux et flottant comme un rêve !
L'automne de la vie, pour l'homme, c'est
l'arrivée, l'heure où l'on allume la lampe des
souvenirs ! Heureux ceux pour qui elle éclaire un
printemps riche de fleurs et de chants
d'oiseaux, un été riche de moissons
et d'ardents soleils. Ceux-là n'ont pas
besoin d'autre chose que des chères
visions du passé ; elles mettent encore
une lueur dans les yeux, un sourire sur
les lèvres ; et personne ne nous dispute
ces joies : car elles sont toutes teintes de
mélancolie.

Pour la nature, l'automne est aussi un
repos ; ce n'est plus la jeunesse ni la lumière du printemps qui fait éclore
toutes les fleurs, s'agiter tous les

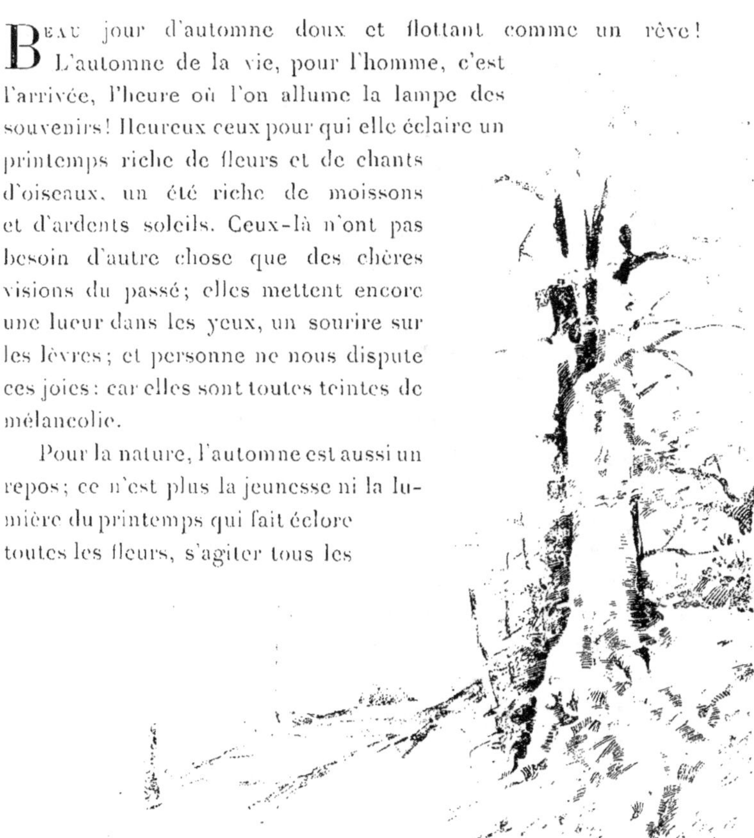

insectes dans un débordement de vie heureuse et parfumée prête à s'envoler.

Les ombres des arbres, à demi dépouillés, s'allongent sous les rayons bas d'un soleil de Novembre, qui glissent lentement sur l'herbe courte. Le ciel bas aussi, avec une nuance d'argent bruni, s'appuie sur les collines. La coupole bleue de l'été, où l'œil se perd, a disparu.

Tout cela n'est pas triste, c'est le crépuscule d'une belle vie qui, forte de ses œuvres, regarde sans frayeur sa tombe entr'ouverte et ramasse pour s'y draper et s'y ensevelir les derniers rayons que Dieu lui accorde.

Là-bas la grande Forêt a revêtu les teintes riches, mais sombres, qui conviennent à l'âge mûr. Plus rien des audaces du printemps, ni des ardeurs de l'été. Le jaune foncé, le brun dominent dans les ramages pleins de fantaisie imprimés sur son long manteau qui, de loin, au soleil couchant, a les chatoiements de la moire et semble frangé des plus merveilleuses fourrures du Nouveau Monde.

Qu'allons-nous faire dans la Forêt? nos pieds s'enfoncent dans l'épais tapis de feuilles mortes qui craquent sous nos pas ; partout on entend de légers bruits vite éteints ; l'air tout frémissant passe chargé de souvenirs qu'il nous chuchote à l'oreille.

En effet, tout se souvient ; c'est comme un doux gémissement du regret des beaux jours, les feuilles se détachent de l'arbre qui les a nourries, les oiseaux jettent au vent des appels plaintifs. Où donc est le joyeux bavardage ininterrompu du printemps ? Que sont devenues les fusées moqueuses d'un soir d'été, à l'heure où l'ombre qui descend sur la vallée rappelle au nid toutes les petites commères du quartier.

Les glands, les noisettes, les faînes, les nèfles et les châtaignes pleuvent de toutes les branches, leur chute éveille un écho discret. Dans les fossés, les ronces habillées de pourpre laissent pendre, sur leur royal vêtement, les grappes de mûres luisantes comme du jais.

C'est l'heure aussi où tout un peuple étrange, pressé de vivre, encombre la Forêt. Tous les coins humides disparaissent sous la tribu des *cryptogames*. Quelle famille, quelle république ! C'est à en perdre la tête ! Là point de gouvernement, point de lois, chacun pousse du coude son voisin pour se faire place. Pêle-mêle, on voit des brigands, des empoisonneurs qui, le chapeau sur l'oreille, tirent la langue à d'honnêtes bourgeois, à des messieurs très distingués, à beaucoup de gens inoffensifs et bien pensants, très étonnés de se trouver en pareille société ; d'autant plus que ces malfaiteurs ressemblent terriblement à des gens de bien, et que souvent les plus fins s'y trompent.

Voyez, par exemple, ce petit bonhomme planté sur un pied ; il a sous son grand feutre mou une petite mine si rose que la mousse, autour de lui, en est tout illuminée ; eh bien, c'est un sournois, un affreux scélérat, il s'appelle l'agaric fausse oronge. Si, attiré par sa coquetterie, vous vous fiez à lui, c'en est fait de vous.

Voici encore un personnage encapuchonné de brun qui n'a pas l'air

méchant du tout, il ressemble à un bon solitaire prêt à vous donner sa bénédiction : c'est un imposteur, son nom vous dira de quoi il est capable ; c'est le « bolet meurtrier ».

Tout près de ces hôtes dangereux croissent aussi en quantité les bons et respectables mousserons, les chanterelles, les bolets comestibles, les ceps qui font les délices des gourmets et que les pauvres *sylvains* connaissent bien aussi.

Mais je ne veux pas tarder plus longtemps à vous faire faire la connaissance d'un hôte charmant de nos forêts. Ici, je m'assieds avec vous sur un épais lit de feuilles mortes, qui font un bruit de soie froissée, et nous écoutons parler l'aimable auteur de « la Forêt[1] ».

Jean Lapin, — dit-il — en voilà un à qui sa gaie, sa bonne philosophie semble faire goûter facilement tous les charmes d'une existence qui, pourtant, n'est rien moins qu'exempte d'alarmes et de périls.

« A plus tard les affaires sérieuses ! » On croirait que ce mot a été imaginé à son usage, et qu'il l'ait sans cesse à la pensée. Mais ne nous y trompons pas, Jean Lapin est un citoyen sérieux de fait, s'il a, en apparence, la mine légère et l'allure insoucieuse.

Qu'il sache prendre gaiement la vie, il n'y a pas à le contester, mais c'est gaieté bien acquise, bien méritée.

Vigilant citoyen, bon époux, bon père...

Halte-là, sur ce dernier trait louangeur ! disent les gens ombrageux que nous irons mettre en présence de la *Rabouillerie* que la mère lapine est allée creuser en secret à distance du terrier conjugal, et au fond de laquelle, sur un lit d'herbes et de feuilles, duveté du poil de son ventre, elle a déposé sa petite famille.

[1] Eugène Muller.

Bien close est l'entrée de ce maternel réduit, maçonnée d'une terre humectée et battue par la mère, qui vient de sortir ou d'entrer : on dirait que rien ne soit là derrière. Contre qui toutes ces précautions ? Eh ! contre Jean Lapin lui-même, un monstre, un dénaturé, un saturne, qui — dit-on — massacrerait, dévorerait sa naissante lignée.

Se peut-il ? Oui ma foi ! parce qu'occupée aux soins de ces pauvrets, l'épouse risquerait de témoigner quelque froideur à l'époux ! Aussi, voyons, de quoi s'avise-t-elle ? Jean Lapin, coutumier de tendresses et d'attentions, veut des tendresses, des attentions régulières, et son étonnement irait jusqu'à la colère, jusqu'au crime. Cœur trop sensible et voilà tout !

Or, comme il faut la paix dans le ménage, et que Jeannette est prudente créature, elle s'est vaillamment imposé une tâche dont la douceur lui a sauvé la rudesse.

Au surplus, attendons. Laissons passer quelques semaines, pendant lesquelles le petit monde du trou moelleux aura pris forme et tournure.

« Viens donc ! » est allée dire un matin, d'un air mystérieux, l'épouse à l'époux. Et Jean Lapin l'a suivie en semblant demander :

« Où peut-elle bien me conduire ? »

Et, arrivée devant le trou qui n'est plus muré, à peine en a-t-elle touché le bord, qu'aussitôt en sortent à la file toutes les mignonnes bestioles qu'il renferme.

« Eh, mon Dieu, qu'est cela ? » fait Jean Lapin, avec une mine tout ébahie.

D'un regard elle lui a tout expliqué. Et alors Jean Lapin ne se possède plus. Il s'assied au milieu des enfants, il les prend, les regarde, les lèche. Et c'est avec de délicieux frémissements qu'il les sent se presser contre lui. « Quoi ! j'étais si riche que cela ! Quoi !

j'avais de ces trésors ignorés ! Quoi ! tant de jolis hôtes pour ma maison ! Ah ! qu'il y fera meilleur maintenant ! Au terrier ! Au terrier ! »

Et Jean Lapin part fièrement, de pas en pas se retourne, pour s'assurer s'il n'est aucun de ces bambins oubliant de le suivre.

La dernière, et lentement, marche Jeannette, de qui tout ce bonheur est l'ouvrage, et qui savoure son doux triomphe.

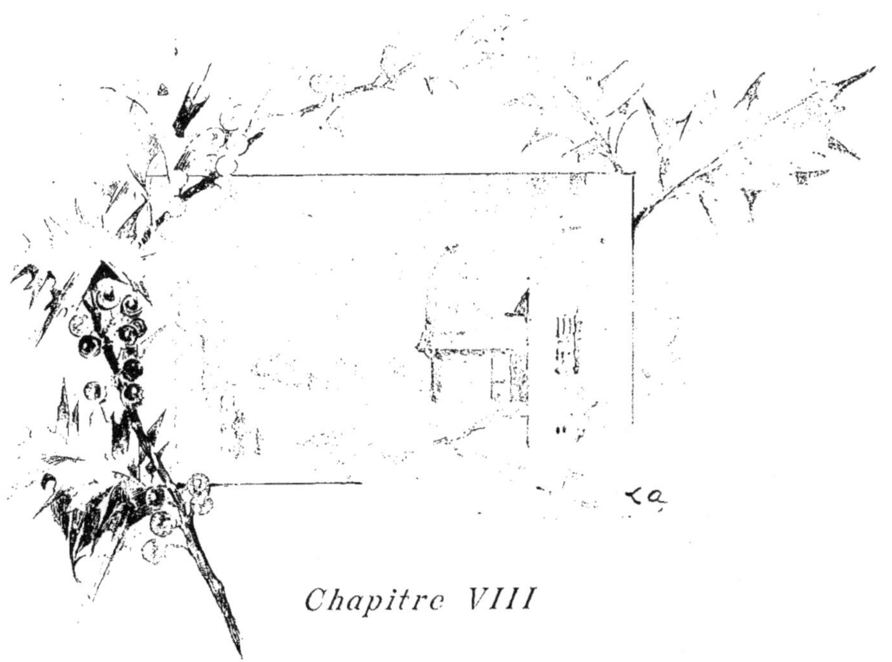

Chapitre VIII

C'est le 24 Décembre, la nuit de triomphe des petits enfants ; elle leur appartient bien cette nuit-là, et personne depuis des siècles ne leur a contesté le droit d'être un peu tyranniques au crépuscule de cette mémorable nuit, où le Dieu du monde s'est fait enfant pour venir s'asseoir au milieu des enfants des hommes, et, de tout petits qu'ils étaient, inaperçus presque, en faire des majestés, espoir et préoccupation de l'avenir, leur mettre une auréole au front, un sceptre dans la main. Nous avons la régence, ils ont la royauté !

Ce soir-là, réunies autour de la table ronde, où la lampe de famille jetait sa douce lueur, les petites têtes fermentaient. Chacun regardait son soulier et le trouvait bien petit. On forma même un complot : aller chercher toutes les pantoufles de grand'mère pour les fourrer dans les cheminées.

J'eus un peu de peine à faire comprendre que cette supercherie ne tromperait personne, et que si tous les enfants riches en faisaient autant, la part des pauvres serait bien réduite.

Et celle des petits lapins de la forêt, dis, grand'mère? interrogea ma belle filleule de trois ans blottie sur mes genoux.

Peut-être! répondis-je. Dieu garde en réserve des bienfaits pour toutes ses créatures, si petites qu'elles soient. Mais ne pensez-vous pas que le moment serait bien choisi pour faire une promenade *en forêt*? L'influence de cette imposante soirée disposerait nos cœurs à aimer, nos yeux à admirer.

Tous les petits ouvraient de grands yeux et des bouches ébahies devant cette proposition extravagante.

Mais, grand'mère, et les loups? hasarda mon petit-fils, un héros de sept ans, qui avait éventré plus d'un cheval en carton sur le champ de bataille.

Qui m'aime me suive! dis-je en souriant et faisant mine de m'apprêter à sortir.

Moi, grand'mère! crièrent dans un ensemble parfait les petites voix, dont l'accent décidé remua mon vieux cœur.

Mes chéris, repris-je, sentant une larme d'attendrissement prête à couler devant cette douce, sincère confiance de l'enfant qui se sent aimé. Nous ne craignons pas les loups, nous sommes braves, c'est une chose entendue; mais moi, je craindrais pour vous le froid, le vent, la neige, et nous pouvons. je crois bien, faire notre promenade en forêt au coin du feu, de même qu'au commencement de notre histoire nous avons fait, n'est-il pas vrai? une belle promenade en mer en regardant par la fenêtre.

C'est ça, c'est ça! approuvèrent tous les enfants, en battant des mains — Raconte vite, grand'mère.

Chacun avait déjà choisi sa place, les cinq grands sur le même sofa, pressés les uns contre les autres, comme des oiseaux frileux; les deux petits sur mes genoux avec la promesse d'être bien sages.

Il a neigé toute la nuit, toute la journée aussi, la forêt frissonne
sous son manteau d'hermine : c'est pourtant une parure de reine.
Les arbres ont l'air d'avoir accroché à leurs rameaux, le duvet
de tous les cygnes de l'Islande, et toutes
les dentelles de nos aïeules ; mais ces
frais de toilette n'ont point d'approba-

teurs, la forêt reste muette, et comme affaissée sous une pensée douloureuse.

Pourtant, à l'horizon, vers l'ouest, apparaît un énorme globe de feu. C'est le soleil. Quel étrange mine il a, il ressemble à la gueule d'un four rempli de braise, et la brume qui l'entoure boit ses rayons, les empêche d'arriver jusqu'à nous. N'importe, il est là pour un instant, et de son œil énorme et fixe jette à la Forêt une promesse de lumière, de vie future. Il pose sur l'hermine, les

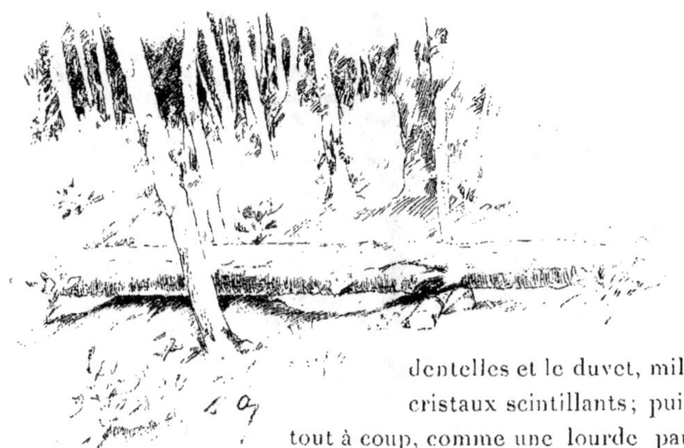

dentelles et le duvet, mille cristaux scintillants ; puis, tout à coup, comme une lourde paupière fatiguée, l'épais nuage retombe sur lui, et la Forêt reprend son attitude triste et résignée.

Elle pense aux amputations annuelles qu'on lui fait subir ; elle sait que beaucoup des géants dont elle était fière, ne verront point refleurir le printemps. Cela est dur d'entendre les vieux amis gémissant sous la hache du bûcheron, de les voir couchés dans la poussière, de ne plus jamais pouvoir reprendre l'intime causerie dont tant d'années vécues côte à côte avaient fait une douce habitude. Enfin, chacun craint un peu pour soi, et se dit sous son épaisse cuirasse : Comme tous les vieux, j'ai l'épiderme dur, et marqué sans doute pour le sacrifice, je n'ai point senti l'empreinte du fer qui me désigne au bourreau.

Cependant, mes enfants, le bûcheron ne fait point œuvre de bourreau. Les arbres qui nous rendent tant de services pendant leur vie, sont appelés à nous en rendre d'aussi grands après leur mort. Les charpentes de nos maisons, les mâts de nos vaisseaux, nos vaisseaux eux-mêmes, tous les meubles utiles ou charmants de nos demeures sont fabriqués avec la chair même de ces bons serviteurs. Comment pourrais-je vous énumérer les milliers de choses usuelles dans la confection desquelles le bois entre pour presque tout.

Les voitures élégantes des riches, les gros sabots des pauvres sont de fraternelle origine; les celliers si bien approvisionnés de bois et de charbon, dont je vous parlais au commencement : c'est la Forêt, toujours la Forêt! Les bûcherons ébranchent les arbres, les abattent, partagent leurs troncs, et fendent ces belles bûches dont vous aimez tant les flammes folles. Le charbonnier vient

ensuite, il réunit les branches de même grosseur, les coupe de même longueur. Quand son bois est soigneusement préparé, il allume les fours et surveille assidûment la cuisson ; c'est un travail très difficile, on ne le confie qu'à des gens expérimentés et, dans les pays de forêts, le charbonnier est, depuis des siècles, un personnage important et respecté.

Pour terminer notre promenade, disons en passant bonsoir à nos loups, renards et sangliers, hôtes d'hiver, promeneurs intéressés, toujours au guet d'une proie. Pourtant le plus gros de nos carnassiers, le sanglier, ne fait jamais, comme le loup et le renard, la chasse à nos poulaillers, à nos bergeries ; il se contente d'un menu de racines, de faînes, de glands. De loin en loin, seulement quand il est en belle humeur, il se paie un morceau friand comme le râble d'un jeune lièvre ou l'aile d'un perdreau. La femelle du sanglier, la laie, est une mère vaillante, elle défend ses marcassins, lutte pour eux, protège leur retraite, se sacrifie pour les sauver, s'offre en holocauste aux chasseurs qui les poursuivent et mérite ainsi la palme du martyre.

Si nous nous intéressons aux loups, aux renards, nous voyons que le dossier de ces malheureuses bêtes est bien chargé de méfaits ; nul n'a pitié d'eux. Ils pourraient avec raison crier à leurs juges : Pourquoi suis-je loup ? Pourquoi suis-je renard ? Je ne fais que mon métier ! Mais l'indulgence est la moindre de nos vertus, et nous ne voulons pas considérer que le renard et le loup mourraient de faim s'ils devenaient honnêtes. Que ceux qui sont sans péché leur jettent la première pierre ! Grand'mère est bien vieille, mes enfants, elle sait qu'il faut être quelquefois miséricordieux. Il n'y a qu'un crime qu'elle ne pardonne pas au loup : c'est d'avoir croqué le petit Chaperon rouge.

Je ne veux pas étaler sous vos yeux les scènes de carnage que, depuis l'antiquité, les chasseurs se permettent en guise de distraction ; je crois vous avoir assez montré combien les animaux sont intéressants à tous les points de vue, pour vous ôter l'envie de vous faire un jeu de leurs souffrances et de leur mort.

Les forêts sont plus ou moins belles, mais toutes doivent inspirer les mêmes sentiments religieux de poésie, de respect ; toutes sont l'asile de mystères charmants dont l'étude élève l'âme ; les plus inexplorées sont les plus belles. Nous serions ingrats pourtant si nous ne nommions les plus célèbres : les forêts royales de Fontainebleau, de Compiègne, de Saint-Germain, de Chantilly ; mais celles-là ont leurs adorateurs, leurs peintres, leurs historiens, et l'humble voix de grand'mère ne saurait rien ajouter à leur gloire.

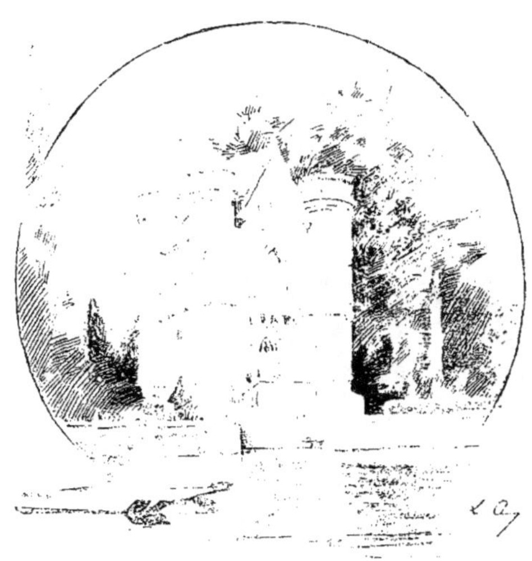

VIVETTE

Chapitre IX

Je vous ai dit, mes chers enfants, que la Forêt avait eu une grande influence sur l'imagination des premiers hommes ; de là nous sont venues des créations toutes pleines de poésie. Quand on évoque le souvenir des dryades, des nymphes, des satyres, du dieu Pan, il nous semble entendre des sons harmonieux ; vous croyez voir des danses légères : les feuilles s'agitent doucement et nous murmurent à l'oreille des contes charmants. Un soir, assise au bord d'une lande empourprée de bruyères, voici ce que me racontait le vent caressant de la forêt qui s'endormait :

Il y avait une fois dans un grand bois une petite fée qui venait d'éclore sous un rayon de lune ; c'était par une nuit bien froide du 31 décembre au 1ᵉʳ janvier ; tout grelottait dans la nature, les arbres même sentaient leur moelle se figer et leurs grands bras tremblaient avec des bruits sinistres.

Les fées n'ont jamais froid, leur corps est insensible : elles ne vivent que par l'esprit et le cœur. Celle-ci secoua ses cheveux blonds où la neige avait mis des fleurettes blanches, et joyeuse, les joues roses, les yeux brillants, elle s'élança chantant : « Je suis Vivette, la jeune année, nous allons faire de bel ouvrage, ò mes amis ! »

A cette voix claire, les vieux patriarches de la Forêt sentirent une émotion généreuse courir dans leurs veines, ils pensèrent timidement : Nous verdirons peut-être encore ? Tandis que les jeunes arbres, se penchant les uns vers les autres, chuchotaient des projets confus et doux.

« Je suis la reine de céans, la Forêt est mon domaine, chantait Vivette, à pleins poumons. Venez, mes sujets, déposer vos ser-ments aux pieds de votre souveraine! »

Mais ses sujets ne bougeaient pas et Vivette, étonnée de leur silence et de leur accueil un peu froid, regarda et ne vit autour d'elle que des squelettes bruns et gris de toutes les tailles.

Assurément le peuple de Vivette n'était pas fait pour inspirer la gaieté, mais Vivette était vaillante.

« Nous changerons tout cela, dit-elle. Je veux dans trois mois habiter un palais de feuillage et de fleurs. »

Et la brave petite fée se mit courageusement au travail, elle appela à son aide le soleil et tous les zéphirs de la forêt. Au bout de quelques semaines, tout ce monde avait si bien soufflé, si bien chauffé que la neige était fondue. La terre, crevassée par le froid, fermait ses plaies et se gonflait d'aise.

Alors Vivette, par des moyens connus d'elle seule, par des philtres dont les fées gardent le secret, versa à chacun de ses sujets une liqueur, appelée sève, qui le fit tressaillir des pieds à la tête et réchauffa son sang jusqu'à la pointe de ses plus petites branches. Ces préparatifs durèrent environ deux mois, au bout desquels Vivette connaissait tous ses sujets par leur nom, et leur avait distribué à chacun selon ses besoins une bonne et saine nourriture. La Forêt se teintait de rouge comme les joues d'une belle fille bien portante. Vivette heureuse veillait à tout, renouvelait sans cesse les provisions du garde-manger ; elle travailla si bien qu'un jour enfin, revêtue d'une magnifique robe de moire vert pâle aux reflets d'argent, la Forêt fit entendre un murmure de bien-être et de reconnaissance. Vivette en fut tout émue : il est si rare de voir une reine et son peuple dans un sentiment de satisfaction commune.

Ce jour-là, Vivette convia tous les hôtes visibles et invisibles de la Forêt à un bal champêtre. Jusqu'au matin les nymphes, les fées et les lutins dansèrent des rondes échevelées sur les tapis de mousses et de fleurs embaumées dont Vivette avait jonché son palais; les vers luisants éclairèrent la fête. Bien des papillons et des libellules y perdirent leurs ailes.

Malheureusement cette joie ne fut pas de longue durée : les gens qui n'ont rien à désirer s'ennuient. Après avoir retourné leurs feuilles dans tous les sens pour les admirer, après avoir essayé maintes chansons avec la brise, et bien lézardé au soleil, les sujets de Vivette trouvèrent les journées longues. Ils auraient voulu remuer, aller en guerre contre les voisins, renverser l'ordre établi par leur souveraine, et secouer son autorité.

A quoi sommes-nous bons ? disaient-ils, la captivité est une honte pour les forts et les braves !

Ils n'osaient pas exprimer tout haut leurs pensées, mais Vivette les devinait et s'inquiétait de cette fermentation de mauvais augure; elle savait bien, la pauvre petite fée, que si elle n'avait pas retenu très fort ses géants par leurs racines, ils auraient fait la culbute et seraient tombés le nez dans la poussière pour ne plus se relever jamais.

La tendresse a toujours dans le cœur des ressources pour les cas désespérés.

Une idée de génie vint à Vivette.

Qu'ils produisent, dit-elle. Qu'ils aient des fruits et des graines !

Et la voilà de nouveau à l'œuvre, inspirant à ses sujets la soif d'engendrer des êtres pareils à eux ; ce ne fut pas une petite affaire, il fallut de longues et patientes leçons. Ces gros maladroits ne savaient comment s'y prendre pour confectionner les layettes, puis les berceaux[1] de leurs enfants.

L'ouvrage allait lentement, mais chaque jour un miracle nouveau était la récompense du travail consciencieux. Les mois s'écoulaient.

Il vint un temps où tous les fruits confectionnés avec une rare perfection continrent en germe la graine future, l'espoir qui occupe la vie. Ce fut pourtant un moment critique, les fruits et les feuilles, de même teinte, se confondaient, beaucoup de très petits faisaient peu d'honneur à leurs parents. Les récriminations recommencèrent : « C'est bien la peine de se donner tant de mal pour en arriver là, criait tout ce monde. Si nos enfants se ressemblent tous, à quoi les reconnaîtrons-nous, et que sert d'avoir de l'amour-propre ?

— « Attendez, dit Vivette, vous reconnaîtrez vos enfants d'abord à leurs formes : voyez s'ils sont pareils ! Ensuite nous allons les habiller. »

La fée prit sa palette et ses pinceaux, qu'elle trempa dans tous les rayons de soleil, et peignit sans relâche jusqu'à la fin de l'été.

A mesure que leurs fruits se coloraient, les sujets de Vivette se sentaient vieillir, l'effervescence de la jeunesse les abandon-

---

[1] Bractées, spathes, cupules, etc.

nait, les velléités turbulentes du printemps ne reparurent plus.
Ils avaient enfin compris qu'une bonne vie de travail, laissant après
elle des œuvres durables, n'est pas à dédaigner, et, reconnaissants,
ils contemplaient Vivette dont les conseils et l'infatigable dévoue-
ment leur avaient été si utiles ; ses cheveux avaient blanchi, son
dos s'était voûté, des rides profondes creusaient son front. Appuyée
sur un jeune chêne dépouillé de ses feuilles, elle marchait encore
à travers son domaine, trébuchant souvent contre les branches
mortes tombées des arbres ; sa figure était calme et souriante, elle
s'oubliait elle-même, et quoique la bise fût âpre et perçante, elle
s'inquiétait seulement des dispositions à prendre pour que ses
sujets ne souffrissent pas trop de la rude saison.

Une nuit, comme Vivette achevait sa tournée quotidienne,
lentement douze coups sonnèrent dans le lointain. Vivette s'arrêta
tremblante. A ses pieds, dans un rayon de lune, une petite fée
venait d'éclore, elle s'appelait : Nouvelle année !

LA MONTAGNE

Louise Abbema

Chapitre X

Nous avons fini, mes chéris, nos promenades dans la forêt ; elles ont été plus longues que notre voyage sur mer et que ne le seront nos excursions dans la montagne. Ne vous en étonnez pas. De ces trois êtres si différents, si beaux : la Mer, la Forêt, la Montagne ; c'est la forêt qui met le plus de temps à nous apparaître sous ses différents aspects. Elle passe toute une année à faire ses métamorphoses. La mer capricieuse et mobile peut se montrer en un jour, calme ou terrible, lumineuse ou sombre.

La Montagne est presque immuable ; ses transformations — à moins de causes accidentelles — ne s'opèrent que dans des milliers d'années, et si nous la voyons sans cesse différente d'elle-même, nous le devons au grand Acteur qui la pare à son gré de lumière ou d'ombre.

Les ascensions mettent hors d'haleine ; mais la montagne nous ménage, en échange de nos fatigues, d'adorables surprises...

C'est une charmeuse comme la mer, elle est aussi, comme elle, souvent perfide.

Ici, malgré moi, mes chers enfants, je suis obligée de vous faire un petit cours de géographie : ce ne sera pas long, et c'est si amusant les voyages ! L'ennuyeux est de se mettre en route.

Au midi, sur toute la frontière d'Espagne, vous voyez les Pyrénées. A l'est, depuis la Méditerranée jusqu'à la Franche-Comté — nom d'une ancienne province — les Alpes ; en remontant vers le nord, le Jura qui touche à notre pauvre Alsace ; enfin plus haut, le ballon d'Alsace s'appuie aux monts Faucilles, au bout desquels on trouve les Vosges.

Prenez votre carte et promenez votre petit doigt sur les montagnes dont je viens de vous dire les noms ; vous remarquerez qu'elles sont de véritables remparts, des sentinelles avancées. Leur consigne est de protéger la France, de veiller sur elle, comme de grands soldats campés tout le long des frontières ; elles sont armées de forts, de canons dont le langage a fait bien des fois reculer les plus hardis.

La France n'est réellement à découvert que du côté des pacifiques Flamands, car les Ardennes nous servent de frontière du côté de l'Allemagne, depuis la cession de l'Alsace et d'une partie de la Lorraine au roi de Prusse.

Depuis les monts Faucilles et s'inclinant vers l'ouest, une longue arête descend presque jusqu'aux Pyrénées ; elle est formée par le plateau de Langres, les monts du Charolais, du Beaujolais et les ramifications des Cévennes, enfin sur la gauche les pittoresques monts d'Auvergne. C'est une véritable épine dorsale qui traverse la France, lui sert de charpente ; car les montagnes sont comme les os d'un pays, et ses plaines, ses plantureuses vallées sont sa chair grasse et succulente.

Outre les grandes Montagnes, nous avons en Bretagne, en Normandie, dans le Poitou, des collines charmantes; celles-là sont accessibles et cultivées partout; leurs pentes douces ne présentent ni danger, ni fatigue, on les dirait faites exprès pour la joie des yeux. Les laboureurs travaillent toute l'année à les habiller du haut en bas de riches cultures, elles sont couronnées de bois ou coiffées de moulins à vent, la plupart abandonnés. « La tempête a emporté tour à tour vergues et voiles, mais la main de l'homme a respecté ces humbles serviteurs d'autrefois. »

Voici la leçon de géographie terminée, nous allons nous livrer à notre fantaisie vagabonde. Ni glacier, ni torrent, ni ravin n'arrêteront nos pas ; nous reviendrons certainement sains et saufs, je vous le promets.

Chapitre XI

Tout en cheminant, je voudrais bien vous raconter la naissance des Montagnes. Il ne faut pas croire que notre planète a toujours été telle que vous la voyez. La Terre a eu une enfance semblable à la nôtre sur plus d'un point.

Il y a des milliers de siècles, elle était indécise, flottante, molle et faible; ce n'est qu'après une période, dont nous ne savons pas exactement la durée, que la terre a pu devenir habitable, c'est-à-dire solide, entourée d'une atmosphère respirable, enfin en état de produire tout ce qui est nécessaire à la vie des êtres qui devaient la peupler.

Plusieurs grands savants ont cru que les Montagnes étaient produites par les boursouflures de la terre en ébullition, alors qu'elle n'était point, comme aujourd'hui, enveloppée d'une cuirasse épaisse et dure et que les matières en fusion dans son sein se faisaient facilement jour à la surface.

D'autres, grands savants aussi, croient que la formation des montagnes est due à une agglomération lente de dépôts de toute espèce : silex, coquilles, calcaire, doucement superposés pendant des millions d'années.

Peut-être bien tous les savants ont-ils raison — quelques montagnes peuvent devoir leur existence à un élan spontané des couches inférieures — solides et liquides — vers la surface.

Des soulèvements pareils se sont produits de nos jours.

Il semble parfois que la Terre est comme un petit enfant dont le cœur gonflé de larmes éclate enfin ; mais ses larmes à elle sont du feu liquide, elles coulent en fleuves, ses cris sont des grondements formidables, ses spasmes de colère ou de douleur brisent les plus invincibles obstacles. Les maisons croulent, des villes entières sont englouties. Rien n'arrête l'élan de ses émotions intérieures et, longtemps après que les éclats de sa colère ont cessé, elle continue à gémir, à se plaindre, sans souci des victimes qu'elle a faites.

Heureusement toutes les montagnes n'ont point ce caractère acariâtre ; on donne le nom de volcans à celles qui se conduisent d'une façon aussi irrégulière et aussi dangereuse.

Il existe à la surface du globe de terribles volcans en activité ; leur voisinage est une inquiétude perpétuelle.

Les volcans affectent deux formes bien différentes. Les uns sont des cônes comme des pains de sucre ; les autres, tronqués à une certaine hauteur, sont creusés comme d'immenses cuvettes.

Il existe dans le Nouveau-Monde un volcan[1] dont la cuvette a des dimensions si considérables que la lave ne la remplit

[1] Le Felaurona (Dupaigne).

jamais jusqu'aux bords. Quand la masse liquide est trop pesante, elle déchire les parois de la montagne et s'écoule en un fleuve de feu qui, après une marche de 60 kilomètres, va s'éteindre dans la mer.

La France possède beaucoup de volcans éteints ; l'Auvergne en est couverte, son sol incandescent éblouit les yeux.

Quand le soleil dore les pentes des montagnes, on croit voir encore les flammes lécher les rochers.

La terre semble être de nouveau dans l'épanouissement radieux de sa formation, alors que dans un solennel silence, sous l'œil de Dieu seul, elle élevait ses pics comme des cantiques d'allégresse et creusait ses vallées en berceaux pour l'humanité future.

Chapitre XII

L'ᴇᴀᴜ est une des grandes beautés de la Montagne; mais non seulement belle, elle est nécessaire ! Sans l'eau point de végétation, plus d'arbres, plus de fleurs; et plus bas dans la plaine, la stérilité si la montagne est sèche. Tout est solidaire dans la nature : quelle harmonie, quelle entente parfaite entre toutes choses! Sans eau, la végétation disparaît; sans végétation, l'eau disparaît à son tour.

Ces magnifiques forêts que nous avons parcourues et qui couronnent la plupart des montagnes, sont les perpétuelles solliciteuses des nuages; elles les accumulent, les retiennent et finissent par obtenir d'eux « l'aliment par excellence[1] ». Des pluies qu'elles attirent, les forêts ne gardent que ce qui est nécessaire à leur vie, elles donnent le reste à la montagne qui s'abreuve, se pénètre d'autant mieux de fraîcheur qu'elle est plus boisée.

Les terres fortement maintenues par les racines des arbres ne risquent pas de se détacher, de s'écrouler sous l'action des eaux, et celles-ci, retenues dans leur course, deviennent élément de vie et de fécondité.

Mais si, maladroitement, brutalement, l'homme arrache à la Montagne sa couronne de verdure, il lui enlève sa force, l'atteint au cœur même et, sans résistance contre les orages qui s'abattent sur elle, la Montagne s'en va au hasard, meurtrissant, culbutant tout, se vengeant ainsi sans conscience, mais cruellement, de l'homme qui l'a dépouillée.

Dans maintes parties de la France l'homme, averti trop tard de sa coupable maladresse, essaie de rhabiller la Montagne ; celle-ci repousse ses avances. N'ayant plus depuis longtemps rien à nourrir, elle est devenue stérile et sèche ; craintive aussi peut-être de se voir arracher de nouveaux trésors.

L'eau est la beauté de la Montagne ! — N'êtes-vous pas déjà restés en contemplation devant quelque cascade ou quelque lac ? Les lacs ont une physionomie à part dans chaque montagne. Les pays volcaniques ont presque tous recueilli leurs eaux dans les cratères éteints ; les lacs y sont en général très profonds, peu larges ; entourés de rochers à pic, ils affectent la forme ovale ou ronde des coupes. Un des plus charmants est le lac Pavin en Auvergne. Pavin signifie : *qui fait peur;* « mais, depuis qu'il n'est plus hanté par les flammes de l'abîme, Pavin, vieille chaudière ébréchée d'un côté, n'a d'effrayant que la profondeur de son gouffre et la menace

[1] Les Montagnes (Dupaigne).

de son écroulement [1] ». Rien n'est plus gracieux que ce miroir tranquille dans son cadre de verdure, mais s'il venait à briser le vase qui l'enferme, il disperserait en débris la pittoresque petite ville de Besse, au-dessus de laquelle il dort.

D'autres lacs ont été formés par des coulées de laves qui, dans leur course, ont barré le passage des rivières ; ceux-là sont toujours situés dans les vallées et leur forme n'est jamais régulière.

Les lacs des Vosges sont plus pittoresques encore et non moins jolis que les lacs d'Auvergne. Les montagnes les plus pauvres en lacs sont les Pyrénées, les plus riches sont les Alpes. — Je ne parle que de la France. Leurs nappes d'eau sont de petites mers intérieures, elles en ont les orages ; on oublie qu'elles n'en ont pas la grandeur, quand on contemple les pics superbes, les neiges immaculées qui se mirent dans leurs eaux.

Les lacs reçoivent l'eau sauvage descendue des glaciers, la puri-

[1] O. Reclus.

fient, la rendent « vivante », c'est-à-dire bonne pour la vie. Au lac
de Genève le Rhône entre souillé de tout ce qu'il a violemment
dérobé à la Montagne ; longtemps on le suit dans sa course éperdue,
il reste jaune, furieux au milieu des calmes eaux bleues du lac ; sa
sauvagerie refuse le contact des eaux civilisées, il se cabre et fuit,
mais il est enveloppé, pénétré, vaincu. Après une course de 75 kilomètres à travers le beau lac, il en sort dompté, pur et digne de la
naissance qu'il a prise sous les feux du soleil à 1,753 mètres
d'altitude.

« Les Alpes, ces fières montagnes, fournissent à l'Europe le
quart des eaux qui la fertilisent[1]. »

« Les Alpes sont le château d'eau de l'Europe[2]. »

Seules de toutes les hautes montagnes d'Europe, elles ont ce
caractère, cette fonction internationale. Le Pô, le Rhône, le Rhin et
l'Inn, père du Danube, sont enfants des Alpes, et c'est pour les
abreuver que les Alpes attirent sur leurs sommets, accumulent et
glacent dans leurs replis tous les nuages, tous les brouillards
charriés par les vents de l'Atlantique, dégelés ensuite par les vents
brûlants du sud auxquels rien ne résiste. La glace pétrifiée tout
l'hiver s'épanche au printemps en cascades vivantes, heureuses de
leur liberté. Au cirque de Gavarnie, elles sont vingt qui l'hiver
ressemblent à des colonnes d'albâtre et qui en mai bondissent,
comme des folles, de 400 mètres de hauteur.

Les Montagnes ne sont pas seulement les grands réservoirs qui
pourvoient aux besoins quotidiens de l'homme. De leurs flancs
jaillissent généreusement les eaux sulfureuses, carbonatées,
iodurées, azotées, chaudes ou froides qui rendent à nos membres
la vigueur, à notre corps la santé, l'activité ; à notre esprit, par
conséquent, la quiétude et la joie.

Dès l'antiquité l'homme a compris l'action salutaire des eaux

[1] O. Reclus.   [2] Michelet.

thermales ; dès l'antiquité il est venu se baigner, s'abreuver à ces sources fécondes : il a élevé des temples aux divinités bienfaisantes qui lui versent sans mesure leurs trésors.

Comme elles nous invitent gracieusement à faire connaissance avec elles, ces sources babillardes qui chantent sous la mousse :

« Sais-tu — disent-elles au promeneur charmé — je descends de la montagne exprès pour toi ; je suis née d'un glacier superbe que nul pied humain n'a foulé. Pour t'éviter la peine de monter me cher-

cher, je viens à tes pieds t'apporter la fraîcheur et calmer ta soif. Plonge tes mains et ton visage dans mon onde pure, tu y trouveras l'oubli de tes fatigues et une nouvelle ardeur pour le travail. »

« Et moi, — gronde doucement la source thermale, — je viens des douces profondeurs où le froid n'a point d'accès, j'ai fait un long trajet pour arriver jusqu'à toi, j'ai recueilli en chemin toutes les richesses que j'ai cru devoir être utiles à ta santé.

Refais ton sang avec mon eau ; réchauffe tes membres engourdis
à ma chaleur. »

« Je vous entends, mes petites fées. Dansez, vaucluses et bouilli-
dous ; chantez, foux, couses et douix, prenez vos ébats dans la
lumière et la liberté jusqu'au détour du chemin où l'homme vous
guette pour vous faire prisonnières ! »

C'est dans la montagne que l'eau triomphe ; c'est là qu'elle se
promène, court, bondit, s'élance, s'égrène en cascades ou s'endort
en nappes tranquilles ; c'est là qu'elle chemine en longs voiles de
gaze transparente ou rayée des mille couleurs de l'arc-en-ciel. La
magicienne explore en riant les ravins et les abîmes. Sur son
passage les arbustes s'inclinent, les roseaux la saluent, les fleurs
l'aspirent. Ses caresses donnent la vie, le sourire aux sites les plus
sauvages. Mais quand elle se fâche, gare à qui lui résiste, elle
arrache et brise tout ce qui la gêne, laissant souvent derrière elle
les ruines et la désolation ; puis de nouveau se fait caressante et,
pour avoir son pardon, berce de ses chansons les rives qu'elle a
meurtries.

Chapitre XIII

L A Montagne évoque dans notre esprit une idée de hauteur
morale aussi bien que physique. C'est sur la montagne que
Dieu bâtit ses temples, c'est là qu'il aime les sacrifices. Sur le
Mont Sinaï, Moïse reçut les commandements : « l'Eternel est venu,
Moïse nous a donné sa loi [1] ».

C'est du sermon sur la Montagne qu'est descendue la divine
prière « Notre Père ». C'est de la Montagne aussi que Jésus ensei-
gna les Béatitudes au peuple de Galilée, de Jérusalem et de Judée.
C'est au Mont des Oliviers que commença la passion du Sauveur
du monde.

La Montagne est à la terre ce qu'est à l'âme l'élan vers Dieu,
vers l'idéal — l'Excelsior !

Vous souvenez-vous, mes chéris, de notre excursion au Mont
Revard. Quelle splendeur et quel voyage ! Toute une année dans

[1] Deutéronome.

un jour, mais une année bizarre. En bas l'été, plus haut le printemps avec ses jeunes pousses et les fleurs d'avril, — plus haut encore l'automne, l'herbe jaune, les feuilles brunes d'une année mourante, — au sommet enfin l'hiver avec ses neiges et sa grande tristesse. Mais quel spectacle !... En bas le lac bleu, profond, mystérieux comme une âme, scintille sous des gerbes de rayons. Au-dessus les blanches Alpes dorment dans un grand silence, et tout au fond de l'immense horizon, la tête perdue dans les nuages, le géant glacé, le solitaire Mont Blanc !

— Alors grand'mère, elles vivent comme cela toutes seules sur la terre, les Montagnes ? Elles doivent bien s'ennuyer.

— Non, mes chéris, les gens ni les choses ne s'ennuient jamais quand ils remplissent les fonctions pour lesquelles Dieu les a créés.

— Mais tu sais bien, Michel, dit Berthe, que les Montagnes ne sont pas seules ; il y a des fées dans leurs palais, des ogres dans leurs cavernes, des loups-garous et des ours dans tous les trous, des aigles et des chouettes qui emportent dans leurs nids les petits enfants méchants.

Le tout petit Michel a un peu peur. — Est-ce vrai, grand'mère ?

— C'est vrai, mon chéri, que les Montagnes sont habitées, mais nous n'avons rien à craindre, maintenant, des êtres qui les peuplent. Quelques pauvres ours, craintifs dans leurs repaires, s'aventurent, dit-on, quelquefois dans les vignes, ils sont friands de raisin et de miel ; quand ils sont pris, on les musèle pour les promener dans les foires ; autrefois on les donnait en dot aux belles filles du pays.

— Et les ogres, et les fées, — grand'mère ?

— Les ogres, les fées sont des personnages de légende et les légendes sont comme les reliques, il faut les garder pour les mauvais jours, précieusement à l'abri des indiscrets. — La légende c'est le pain du pauvre et le dessert du riche.

Mais la Montagne n'est jamais seule, l'arbre, la plante, l'eau, l'occupent sans cesse; elle leur donne la vie, eux la parent de toutes les splendeurs.

Il me reste, mes chers petits, à vous parler d'une des plus charmantes choses de la Montagne : La Prairie, doux mot pour l'enfant de la nature. Elle n'évoque que des souvenirs de fleurs parfumées, d'herbes légères qui ondulent sous la brise, de foins odorants qu'on tasse en meules à l'abri desquelles on dort, on rit, on mange le pain du faucheur, on se désaltère dans son écuelle de bois — ma prairie, c'est celle de mon enfance — la prairie sauvage, où l'on enfonce dans une mer verte, laissant derrière soi un long sillon d'herbes penchées qui se redressent lentement — ma prairie, c'est celle où l'on rêve à plat ventre devant les petits mystères

qu'on admire sans les comprendre ; — ma prairie, c'est celle du peuple imperceptible qui s'abrite et vit dans les fleurs : petits êtres qui ont comme nous des passions, des malices, des besoins, des douleurs, et qui, comme nous, aspirent à l'air, à la lumière ; — ma prairie, c'est celle d'où je rapportais, dès le matin, les gerbes fleuries, pleines de rosée, où je plongeais mon visage.

— Dans la Montagne, toujours la douce prairie mène à l'austère forêt, tient d'elle sa fraîcheur et sa fécondité ; c'est elle qui lui verse l'eau dont elle est si friande — l'eau qui fait l'herbe grasse et succulente que la bonne vache convertit tranquillement en lait, dont les principes sont indispensables à la nourriture de l'enfant.

Quelle admirable et mystérieuse chose ; c'est un conte de fées ! — Pour élever un petit enfant, il faut des nuages que les Montagnes attirent et versent en pluie sur les forêts qui les versent à leur tour en ruisseaux dans les prairies où les vaches font de leurs sucs l'élément de vie pour le nouveau-né.

La prairie est le domaine du troupeau, et le troupeau la richesse du montagnard, son amour aussi.

Dans les longs jours d'été, quand les vaches, les chèvres, les moutons, sont en villégiature dans la Montagne pendant quatre mois, le berger vit seul avec son troupeau, jour et nuit. Il connaît chacune de ses vaches ou de ses brebis, il les mène aux meilleurs pâturages, les surveille, les soigne et les guérit si elles sont malades. — Le berger est un grand personnage dans la montagne, il est un peu sorcier, dit-on, toujours craint et vénéré.

Ce fut à des bergers qui gardaient leurs troupeaux, près de Bethléem, qu'un ange annonça la naissance de l'Enfant Jésus ; ils vinrent l'adorer, guidés par une étoile qui s'appelle suivant les saisons : étoile du matin quand elle précède le lever du soleil, ou étoile du berger quand elle se montre après qu'il est couché.

— Eh bien moi, je serai berger pour avoir une étoile, dit mon gros Armand.

— Tu as raison, mon chéri, c'est une belle profession, et tu auras, j'en suis sûre, une bonne étoile.

Notre chère France doit son salut à deux bergères auxquelles nous avons voué un culte pieux et reconnaissant.

Sainte Geneviève sauva Paris des mains d'Attila, elle empêcha les Parisiens de mourir de faim pendant un siège. Jeanne d'Arc, d'immortelle mémoire, arracha aux Anglais leurs conquêtes, rendit au roi Charles VII son trône et sa couronne. Elle paya d'un cruel martyre son héroïsme et sa vertu.

Le montagnard adore sa Montagne; rien n'est plus cher à son cœur que ses pics inaccessibles, ses neiges éternelles merveilleusement peintes par la lumière. Les montagnards invoquent leurs Montagnes, leur chantent des cantiques, les appellent de noms charmants; l'une d'elle est « la montagne du Matin ».

« Elle est la première née d'une convulsion de la terre, et sur ses flancs parut la première race du globe; puis quand les vallées furent habitables, la civilisation éclose descendit ses pentes, se répandit en Asie, berceau du monde, puis en Europe.

« Elle est la première qui voit l'aurore dans sa région; la lumière du jour descend heureuse de son sommet dans la vallée; alors le pâtre gravit ses pentes. »

Les bergers l'invoquent ainsi :

« Ne tombe pas, Montagne du matin... Toi seule vierge radieuse, pour nous et pour ceux qui suivront, reste dans le ciel, toujours telle qu'on t'a vue, invulnérable! [1] »

Qu'elle est belle aussi cette chevauchée de nuages blancs qui couronne ton front et n'attend qu'un souffle pour se disperser en escadrons dorés par le soleil levant! Des monstres de toutes

[1] C. Durier.

formes, la croupe ramassée, la crinière au vent, galopent sur l'azur profond ; dans les douces teintes mauves striées d'or qui annoncent le soleil, des écharpes légères et des plumes d'aile oubliées par les anges flottent tranquilles comme des rêves du paradis.

Le roi s'avance.... les longs plis de son manteau de lumière enveloppent la montagne qui devient rose d'émoi, et, de la vallée sommeillant encore dans un nid d'ombre, s'élève un doux frémissement de vie heureuse et parfumée.

A l'ouest, la lune immobile et pâle dit adieu à la Terre, qu'elle a veillée toute la nuit.

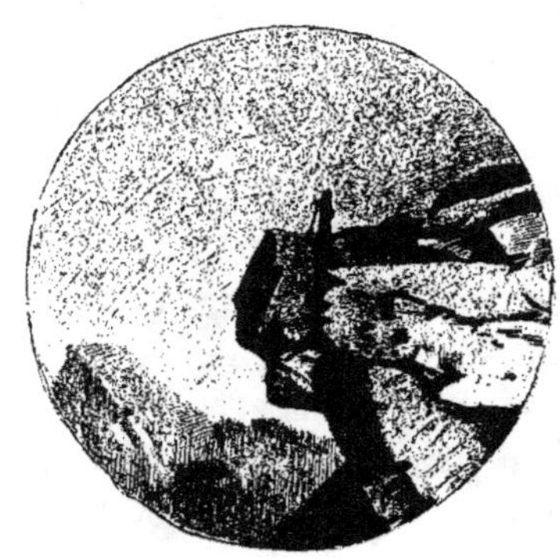

Chapitre XIV

Quand tu étais petite, grand'mère, comment s'appelaient les fleurs de tes bouquets?

— Des mêmes noms qu'aujourd'hui, mes chéris : je vais vous les dire, vous les aimerez mieux aussi quand vous connaîtrez leur caractère, leurs figures, comme je connais les vôtres, ce qui me préserve du malheur de confondre mes petits-enfants avec ceux des autres grand'mères.

Commençons par la belle Pàquerette, à collerette blanche, au cœur d'or; on l'appelle ainsi parce qu'elle fleurit vers Pàques — son véritable nom est Marguerite, qui signifie : Perle. Cette charmante fleur est bien la perle des prairies. Perchée toute seule sur sa haute tige, elle ouvre sa collerette aux premiers rayons du matin, et le soir elle ferme ses ailes blanches sur son cœur d'or, qui sommeille à l'abri des rôdeurs.

— Qu'est-ce que c'est des rôdeurs, grand'mère?

— Les rôdeurs sont tous les gens et toutes les bêtes qui aiment vivre aux dépens des autres, sans travailler, et qui profitent de la nuit pour se faufiler dans les fleurs et dans les maisons pour y dérober quelque butin.

— Après, grand'mère ?

— La Clochette bleue ou Campanule qui égrène ses jolies fleurs le long de sa hampe verte ;

Le Coquelicot qui étale partout son royal habit de pourpre ; royauté des plus fragiles qui s'évanouit souvent dès qu'on y touche.

L'étoile bleue du Myosotis, fleur de souvenir et, je crois, d'espérance ; elle abonde dans toutes les prairies au bord des ruisseaux ; les fleurs en sont superbes : bleu tendre et jaune à l'orifice du tube.

Les Trèfles — trois feuilles. — Ils appartiennent à la famille des Papilionacées — joli nom — il y en a plus de cent espèces, leurs fleurs en tête des tiges se serrent en épis, variant du blanc au jaune et au pourpre le plus vif. On cultive même le trèfle pourpre exprès pour les bestiaux, on le leur fait pâturer sur place : séché, il perd toute sa saveur. Dans le midi de la France on l'appelle « Fé roudgé » — foin rouge — à cause de sa belle couleur ; par corruption les paysans disent : Farouche !

Enfin la grande famille des graminées, si nombreuses que pour s'y reconnaître on l'a partagée en tribus. « Les gramens sont le peuple rustique, pauvre, content de peu, mais constituant la force et la puissance du règne végétal ; plus on les tourmente et plus on les foule aux pieds, plus ils se multiplient[1]. Ce sont eux qui fournissent les plantes les plus utiles à la nourriture de l'homme et des animaux. Le blé, l'orge, l'avoine, le riz, le maïs, la canne à sucre, sont des graminées et, dans les prés, les plus jolies herbes

[1] Linné.

sont toutes des graminées ; la Flouve parfumée, le Vulpin, l'Amou-
rette, la Fléole, font les meilleurs foins et les plus beaux bouquets.

Je ne vous ferai pas un cours de botanique, mes chers petits;
ce sera l'objet d'une grande conversation à part, si Dieu me
prête vie.

Maintenant les Clématites filent leurs quenouilles blanches,
l'Églantier secoue ses grelots rouges et les ronces étalent leurs
manteaux de pourpre; les troupeaux quittent leurs pâturages pour
hiverner dans la vallée : il est temps de dire adieu à la montagne
et pourtant, mes chéris, c'est à regret que je vous emmène, nous
n'avons vu que sa figure, nous ne savons rien de ses trésors cachés.
Gardez dans vos cœurs les visions charmantes de notre voyage ;
un jour, si vous voulez, nous fouillerons la montagne, et vous serez
éblouis. Nous la fouillerons, non pas avec vos petites pelles comme
nous avons fouillé le doux sable des plages ; mais nous nous faufi-
lerons derrière les savants qui ont dit à la Montagne ce qu'Aladin
disait à la porte enchantée : Sésame, ouvre-toi ! — et nous buti-
nerons les miettes d'or de la science.

..... Nous sommes tous silencieux, un peu las, les petits s'accro-
chent à ma jupe, deux mignonnes mains se glissent ensemble dans
une des miennes, les oiseaux jaseurs s'étonnent, s'effrayent même
un peu du mutisme de la vieille « Mamé » qui parle toujours.

— Raconte encore, grand'mère, dit tout petit, tu sais bien une
histoire, une toute petite histoire ?

Je cherche et je me rappelle cette gentille anecdote contée par
C. Durier, dans son beau livre, le *Mont Blanc*.

— « J'ai rencontré deux moutons sur la mer de glace. Comme
ils étaient gras et lourds, leurs conducteurs, qui les portaient à dos
dans les passages trop difficiles, essayaient de temps à autre de les
faire cheminer sur leurs pattes. L'un trottait très bien, sautait
même par-dessus les crevasses et glissait sans s'émouvoir. L'autre

restait comme il avait pris pied, les jambes écartées, dans une immobilité complète. On eût dit un de ces moutons de carton qu'on donne en jouet aux enfants.

« Quand son conducteur le reprenait, il cachait sa tête dans la veste de l'homme pour fuir le vertige. Si on faisait mine de le déposer encore, il se débattait. On les menait tous les deux à la boucherie du Montanvers.

« Il se faisait tard, le glacier était dans l'ombre, et, je ne sais pourquoi, cette petite scène m'a laissé un souvenir mélancolique. J'avais envie de dire à l'un : Tu es trop gai pour la circonstance ; et à l'autre : Mon pauvre ami, pour arriver malgré tout où tu sais, mieux vaut y aller sur tes pattes en brave mouton. »

Faisons comme les braves moutons, mes chéris, et sans sauter pourtant à pieds joints dans tous les trous, sachons regarder le danger en face, sachons dompter le vertige qui, plus sûrement que la bravoure, nous mène à l'abîme.

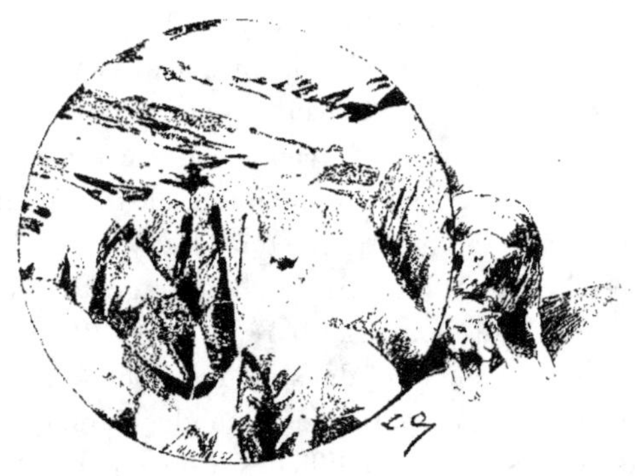

Chapitre XV

ET la grande histoire de la fin, grande comme l'histoire de Vivette, tu nous l'avais promise?

— Mais je ne sais plus, mes chers petits, plus du tout, je vous assure.— Cette nuit, j'irai voir les fées pendant que vous dormirez; si elles sont de bonne humeur, peut-être me parleront-elles de leur vie dans la Montagne; mais n'y comptez pas trop, car les fées sont maintenant mystérieuses et craintives personnes.....

Dès le matin, tous les chers yeux brillaient pleins de points d'interrogation, et, trop heureuse de verser la joie dans ces petites âmes naïves, je commençai :

Du temps où les fées s'occupaient de nous, elles avaient l'habitude de donner un coup de baguette magique à leurs œuvres, avant de les livrer à l'admiration du genre humain.

Les fées se mêlèrent beaucoup — dit la légende — de la confection des montagnes. À cette époque lointaine elles avaient envahi toutes les grottes, tous les creux des rochers. Les plus petits replis leur servaient de cachettes, elles dormaient dans les doux vallons, leurs observatoires étaient perchés aux pointes les plus aigües.

Impossible de leur disputer la montagne; l'empire des fées était partout. Les méchantes habitaient les cavernes d'en bas, froides, noires, tristes; les ours et les loups en défendaient l'entrée. — Les bonnes logeaient plus haut; elles aimaient vivre au soleil, se promener sur les neiges immaculées, danser sur les cascades. — Souvent, d'en bas, on voyait la montagne enveloppée de rayons couleur de l'arc-en-ciel, c'étaient les fées en promenade qui accrochaient leurs tuniques aux pans des rochers.

On dit que les étoiles sont les amies des fées et descendent quelquefois leur rendre visite. Moi, j'en suis persuadée, ayant vu souvent dans mon enfance, par les claires nuits d'hiver, une étoile brillante s'arrêter longtemps sur la crête de la montagne. — Ce que se disent les étoiles et les fées, je ne l'ai jamais su, mais j'ai toujours pensé que les unes étaient de moitié dans l'ouvrage des autres.

Or, une nuit que la reine des fées avait été en grand conciliabule avec les étoiles, elle appela toutes ses sujettes.

— Voici — leur dit-elle — notre œuvre terminée, vous avez travaillé avec ardeur à faire de la montagne un être à part, qui longtemps étonnera les générations futures par ses mystères et ses beautés; toutes les richesses visibles et invisibles sont accumulées dans notre œuvre. — J'ai convié le grand génie de la création à descendre parmi nous pour récompenser celle qui a le mieux compris et rempli sa mission.

Ce fut un grand émoi chez les fées, très impressionnables de nature; peu s'en fallut que, pour mieux faire, elles ne bouleversassent tout ce qui était fait.

Enfin, le grand moment arriva. La salle des séances extraordinaires, taillée dans un colossal bloc de cristal de roche, s'ouvrait en demi-cintre sur un panorama très étendu. A l'horizon, les pics neigeux étincelaient, couronnant de mille feux les sombres forêts qui se perdaient dans les ondulations des plus basses montagnes. De loin en loin des panaches de fumée et de flammes s'élevaient des volcans, comme d'immenses braseros brûlant de l'encens en l'honneur des Dieux. Et des coulées de lave descendaient lentement en ruisseaux incandescents, sillonnant de traits de feu les flancs des rochers.

Les fées, qui n'ont pas besoin de sommeil, avaient choisi pour se réunir l'heure paisible où la nature s'endort. La salle se remplissait de figures étranges ou charmantes, de costumes bizarres ou magnifiques.

La fée Anthracite, proche cousine de la fée Diamant, avait eu grand'peine à se faire belle; sa tunique noire, zébrée de feu grisou, inspirait à ses brillantes voisines autant d'étonnement que d'inquiétude. Mais l'heure était solennelle, et par hasard chacune pensait plus à ses œuvres qu'à sa toilette.

Enfin parut l'Immortel Génie de la création; un silence recueilli se fit dans l'assemblée, la Reine des fées présenta ses sujettes.

L'Immortel Génie, toujours vieux, toujours jeune, les interpella tour à tour.

La fée Anthracite parut la première à cause de son âge vénérable.

— Je puis rendre, dit-elle, de grands services à l'humanité;

13

j'ai mis en réserve pour elle d'innombrables quantités de combustible, qu'on exploitera pendant des siècles sans l'épuiser. Un jour toutes les industries propres au bien-être et à la richesse de l'homme seront alimentées par moi.

L'Immortel Génie écoutait silencieux.

— La fée Ferroso vint ensuite.

— J'ai voulu me rendre indispensable aux hommes, aux animaux, aux plantes même ; je suis leur force. L'homme industrieux fera de moi ce qu'il voudra ; en guerre ou en paix, je serai son indispensable auxiliaire.

— L'Immortel Génie écoutait et réfléchissait.

— La fée Aura et la fée Agio, deux sœurs jumelles, se présentèrent en se tenant par la main ; toutes deux vêtues de tuniques éblouissantes, elles riaient, montrant leurs dents brillantes, et leurs yeux moqueurs lançaient des éclairs.

— « Nous offrons à l'homme la fortune, le bonheur, la satisfaction de tous ses caprices — dirent les fées. — Point de rêves réalisés sans nous. Nulle puissance pour celui que nous ne favorisons pas. Au contraire, tous se prosterneront devant nos favoris. Vertu, gloire, honneur, nous livreront de vains combats. La Fortune inconstante rira de leurs efforts et poursuivra ses conquêtes. »

— L'Immortel Génie, songeur, avait baissé la tête, mais ses yeux profonds suivaient tous les mouvements des malicieuses fées ; un imperceptible sourire relevait le coin de ses lèvres.

Beaucoup d'autres fées, arrogantes ou modestes, exposèrent ce jour-là leur mérite et leurs droits. Quoi qu'on fût aux longs crépuscules d'été, l'ombre commençait à envelopper la Terre.

Les rayons qui jadis accrochaient leur lumière aux cristaux de la voûte se faisaient rares. Le silence devenait solennel. Dans l'air planait l'inquiétude des consciences tourmentées ; un vague malaise agitait l'assemblée.

L'Immortel Génie toujours immobile et muet, le regard perdu dans l'espace, semblait poursuivre une illusion perdue, un rêve envolé. A mesure que le temps marchait, sa physionomie grave et douce devenait triste.

Tout à coup un frémissement se répandit dans l'air, avec l'écho d'un léger murmure; quelque chose comme un babil enfantin et gai, comme l'épanchement d'une joie naïve et pure !...

Tous les cœurs bondirent dans l'attente d'un grand événement !

C'était peu de chose !

Une petite fée blanche et fluette venait de faire son apparition sur l'arête la plus élevée de la montagne. Au front elle portait une étoile, divine messagère de vie, et dans son regard limpide, brillait son âme heureuse de se répandre, elle caracolait de roche en roche ; sa longue chevelure de fils d'argent laissait, sur son passage, des traînées de lumière ; elle semait en courant les diamants de sa parure, qui roulaient derrière elle dans la traîne de sa robe !...

L'alerte petite fée semble ignorer le danger et faire fi des écueils ; elle bondit dans les creux les plus noirs... Quand tous les cœurs haletants la croient perdue, brisée, elle reparaît plus bas, chantant toujours.

Enfin la voici. Elle arrive, et, tout émue, frémissante, elle s'étend à l'entrée du palais des fées.

— Je t'attendais ; tu as bien tardé — dit l'Immortel Génie — dont la figure révéla soudain une joie profonde. Comment t'appelles-tu ?

— Aqua, répondit la fée.

— D'où viens-tu ?

— Des entrailles de la Terre aux nuées du Ciel, je voyage sans cesse.

— Qu'apportes-tu ?

— La vie, la santé aux hommes et à la Nature !

Alors l'Immortel Génie étendant la main : Sois bénie, dit-il, tu offres à l'humanité des biens sans lesquels tous les trésors ne sont rien. Toi seule as mérité la lumière et la liberté.

Et vous, filles de l'ombre, l'homme ne vous connaîtra qu'au péril de sa vie.